엔젤 윙스 2

시나리오 얀(Yann)
그림, 컬러 로맹 위고(Ramain Hugault)
번역 박홍진

길찾기

엔젤 윙스 2

2021년 10월 15일 초판 1쇄 발행

시나리오: 얀(Yann)

1954년 프랑스 마르세유에서 태어났다. 본명은 얀 르펜느티에. 1974년 만화 잡지 『스피루』 지에서 만화가로 데뷔했다. 그의 작품은 유머 있고, 시니컬하고, 공격적이고, 로맨틱하다. 방대한 지식과 정확한 역사 고증을 바탕으로 한 그의 글들은 언제나 독창적이고 예기치 못한 에피소드들로 가득하다. 주요 저서로 「형편없는 사람들」, 「화이트 타이거」, 「핀업」 등이 있다.

그림, 컬러: 로맹 위고(Ramain Hugault)

1979년, 공군 대령의 아들로 태어나, 17살이 되던 해부터 전용 비행기로 프랑스 하늘을 누비고 다녔다.
파리 고급 예술 및 그래픽 산업학교인 에꼴 에스티엔느 졸업 후, 비행기나 공군과 연관된 항공 관련 일러스트레이터로 활동했다. 항공 만화 베스트셀러인 시리즈를 낳았다. 그 밖의 주요 작품으로 「구름 저편에」, 「마지막 비행」, 「에델바이스의 파일럿」, 「수리부엉이」 등이 있으며, 프랑스 최고의 항공전문지인 「Le Fana de l'Aviation」 의 표지 일러스트레이터로도 활동하고 있다.

번역: 박홍진

한국 외국어 대학교 불어과와 한국 외국어 대학교 통역대학원 한불과 졸업. 통, 번역사로 활동하다 2001년 도불, 2003년부터 SEEBD, 칸틱 등에서 한국 만화를 출판했다. 2015년부터 한국 콘텐츠 진흥원 콘텐츠 비즈니스 위원단 자문위원을 역임했다. 주요 번역서로 「뚱뚱한 사랑」 「해」, 「뇌」 「아니, 이게 나야?」 「U-47」, 「 내 이름은 르네 타르디. 슈탈라크 II B 수용소의 전쟁 포로였다.」 「남극의 여름」 등이 있다.

저　　자 얀 , 로맹 위고
번　　역 박홍진
편　　집 정경찬 , 정성학 , 오세찬
마 케 팅 이수빈
발 행 인 원종우
발　　행 이미지프레임
　　　　주소 [13814] 경기도 과천시 뒷골 1 로 6, 3 층
　　　　전화 02-3667-2653 팩스 02-3667-3655 메일 edit01@imageframe.kr 웹 imageframe.kr

책　　값 20,000 원
I S B N 979-11-6769-020-3 03390

ANGEL WINGS Vol. 4, 5 & 6 by Yann (scenarist) and Romain Hugault (drawer)
Vol.4 © 2017, Vol. 5 © 2018, Vol. 6 © 2019 Editions Paquet.
www.groupepaquet.net
All Rights Reserved
Korean translation ©2021 by Image Frame
Korean translation rights arranged with Editions Paquet through Orange Agency

목차

월터 타보다를 기리며

마티유 비앙시와 그레고리 퐁즈에게 감사를 전합니다.

로맹 위고

각 에피소드는 다음 노래를 들으며 읽어 주세요 :

#4. 파라다이스 버즈

♫ Rum & Coca-Cola ♫ The Andrew Sisters
♫ Moonlight Serenade ♫ Glenn Miller
♫ Don't Sit Under the Apple Tree (With Anyone Else but Me) ♫ Glenn Miller & The Andrew Sisters

#5. 블랙 샌드

♫ Coming in on a Wing and a Prayer ♫ Anne Shelton
♫ Stars and Stripes on Iwo Jima ♫ Bob Wills and His Texas Playboys
♫ Shoo Shoo Baby ♫ The Andrews Sisters

$6. 아토믹

♫ We'll Meet Again ♫ Vera Lynn
♫ Enola Gay ♫ Orchestral Manoeuvres in the Dark
♫ Money Is The Root Of All Evil ♫ The Andrews Sisters

이리스와 그녀의 멋진 엄마에게 이 책을 바칩니다. R.H.

와스프 대원들이 달던 금속 배지는 와스프로 근무하다 종전 후 보석 세공사가 된 플로랑스 레이놀이 만들었으며
이를 사진으로 찍어 본 서적의 표지 로고를 제작했습니다.

제목의 캘리그래피는 산디 르 셰의 작품입니다.

www.collection-cockpit.com

Filinella

© Walt Disney

WOMEN AIRFORCE SERVICE PILOTS

4장
파라다이스 버즈

그루먼 G-21 구스
GRUMANN G-21 GOOSE

엔진	프랫&휘트니 R-985-AN-61	최대상승고도	6,490 m
	워스프 주니어x2발	항속거리	1,030 km.
출력	450마력	무장	325파운드 폭뢰 2발
수평최고속도	324km/h		또는 250파운드 자유낙하폭탄 2발

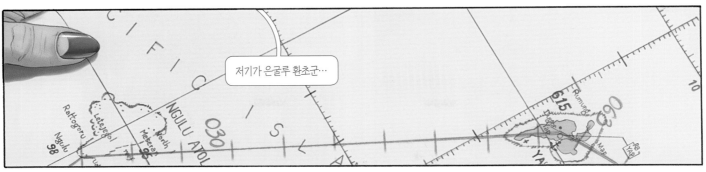

저기가 은굴루 환초군…

그럼 곧 야네키키 섬과
바차루크 섬 상공을 지나게 되겠네.

이거 영 찜찜한데…
우릴 호위하기로 한 커세어 편대는
대체 어디 처박힌 거야?

와히네*, 저기 커세어들이 오고 있어. 10시 방향, 우리와 같은 고도야.

아아… 모르는 소리! 커세어에는 플로트가 안 달렸어!

아군일까… 아니면 적기일까?

*루페(Rufe): 일본 해군항공대의 나카지마 A6M2-N 2식 수상전투기의 연합군 코드네임 (역주)

이런 염병, 재수가 없으려니! 저건 루페* 수상전투기야!

우리 고물 오리**로는 저 놈들을 절대 따돌릴 수 없어! 빌어먹을 제로기들이 우릴 손쉽게 해치울 거야.

*와히네: 마오리어로 '여자'라는 뜻(역주)

**오리(Duck): 그루먼 J2F Duck 비행정 (역주)

타아로아…*** 브라우닝을 잡아! 네 솜씨를 보여줘!

어젯밤에 기총 정비는 해 두긴 한 거야? 설마 오입질 하느라 까먹은 건 아니겠지?

***타아로아: 폴리네시아 신화의 창조신. 여기서는 후방기총사수의 이름 (역주)

잘 보라구, 와히네! 내가 브라우닝으로 놈들이 어떻게 부기우기 댄스를 추는지 보여주지! 앤드류 시스터즈****도 부러워할 걸?

맙소사! 무슨 일이죠?

****앤드류 시스터즈: 미국 미니애폴리스 출신의 세 자매로 구성된 재즈 보컬 트리오. 수많은 위문 공연으로 '군인들의 연인'이라는 별명이 붙었다(역주)

어떡하지? 내 "베니"*!! 누가 내 베니 못 봤어?

이… 일본놈들! 우…우린 모두 죽어! 죽을 거야!

이봐! 하마터면 죽을 뻔했잖아! 중간에 소풍이라도 다녀온 거야, 뭐야?

총격을 얼마나 많이 받았는지 알아? 피해 상태를 좀 확인해 줘.

*베니: 알약 형태의 암페타민을 가리키는 속어. 각성 효과가 있으나 습관성과 중독성 때문에 마약으로 분류되었다(역주)

별로 예쁘지 않은데, 아가씨! 플로트 왼편에 많이 맞았네. …그러니까…

… 흘수선 아래를 집중사격당했고 랜딩 기어는 완전히 박살난 거 같아.

봤지, 와히네! 내가 하나 잡았다고! 확실해! 내가 한 대 격추시켰어!

격추는 무슨? 염병! 아무튼 이젠 네가 어젯밤에 총이랑 거시기 중 뭘 골랐는지는 알겠다. 타아로아!

11

캘리포니아 만자나르 일본계 미국인 강제수용소

찾았어!

미세스 요코 스미노,
이게 본인 짐가방 맞나?

예… 하지만 그건
안 쓰는 가방인데…

…이게 도대체 뭐죠?

쪽발이들이 쓰는
퍼플* 암호해독기지!
우리가 입수한
정보가 맞았군!

*퍼플: 일본의 외교용 암호기기인 97식 구문인자기 및 해당 암호 체계를 가리키는 미국의 코드명(역주)

12

예?!… 이건 제 것이 아닌데요!
이건 말도 안 돼!
당신들이 넣은 거 아니예요?

닥쳐, 쪽발이 년아! 씨팔!
진주만 이후 네놈들을 전부
총살했어야 하는데!

미세스 스미노, 행정명령 9012호에 명시된 처벌 규정에 따라
너를 국가 반역 혐의로 체포한다!
전시이니만큼 당장 공개 총살에 처하는 게 합당하겠지. 하지만…

하지만? …뭔가요?

네 동생 고이시 스미노가
일본제국 해군항공대 파일럿 맞지?

저기… 고이시가 일본으로 귀국한 뒤로
연락이 끊어졌어요. 벌써 5년이나 지난
이야기인데. 진주만 공습이 일어나기도
전의 일이라구요…. 그런데…

닥쳐, 원숭이 년아!

거기 앉아서
내가 부르는 대로
편지를 받아 써!

13

미국 태평양 함대 후방기지 겸 휴양지,
울리티 환초

타아로아, 베티에게 단단히 붙들라고 해.
착수할 때 많이 흔들릴 테니까!

까아아악 물이야! 물이 샌다, 물이 새!
우리 물 속으로! 물 속으로 가라앉고 있다구!!

이제… 다시 출력을 높이고!!

엥!? 저 자식 뭐하는 거야, 저거?!

?!

피해!! 피해!!

이제… 다시 출력을 높이고!!

엥!? 저 자식 뭐하는 거야, 저거?!

일광욕 방해해서 미안! 다친 사람은 없어?

이건 스캔들이야, 스캔들! 죽을 뻔했단 말이야!

와! 저기 좀 봐! 베티! 베티 루턴이야!

베티! 베티!

베티이이이!

크라울리 바에 가자! 크라울리로!

뭐하는 짓이죠? 얼른 날 내려 줘요, 이 바보들아!

17

바보 같은 짓을 했어!
얍 군도와 은굴루 환초 상공을
호위기 하나 없이 비행하며
무모하게 위험을 자초하다니!

말씀 중에 죄송하지만, 저는
대령님의 명령을 따랐을 뿐입니다!
…그 여자의 변덕을 무조건
만족시켜 주라고 하지 않으셨습니까?

멍청한 여자가 유명한
극락조를 보고 싶다며
가장 가까운 환초 주위를
비행해 달라고 요구한 것이
제 잘못은 아니지 않습니까?

시끄러! 감히 상관에게 말대꾸라니!
앞으로 기지에서 1마일 밖으로
나가는 일이라면
아무리 미스 루턴이 야자수 아래에
오줌 싸러 가고 싶다고 하더라도
반드시 사전 허가를 받아!

미스 루턴이 죽기라도 하면
우리가 보유한 가장 큰
항공모함이 어뢰 맞고
침몰하는 것보다 사기가
떨어질 테니까 말이야!

대령님!
제 보직을 변경해
주실 것을
요청드립니다!

저 머저리를 에스코트하는 일은
정말 진저리가 납니다!
제가 OSS에 입대한 건
국가에 봉사하기 위해서지,
보모 노릇이나 하려는 건
아니었습니다!

18

그래! 바로 그거야!
귀관이 맡은 임무는 아주 중요해.
사실 미스 루턴의 일은
귀관의 임무를 감추기 위한
위장일 뿐이야…

귀관도 잘 알고 있겠지만
우리 전진 기지에는 토코*
즉 일본 특별 고등 경찰을
위해 일하는 비열한 스파이들이
득실거린단 말이지.

지금쯤 토코는 귀관이 병사들의 긴장을 풀기 위한
미스 베티 루턴의 위문 공연으로 태평양 이곳저곳의
기지를 돌며 보모 노릇을 하는 걸 잘 알고 있을 거야…
머저리의 변덕에 계획없이 이동하는 귀관의 움직임에
별 관심을 두지 않을 거라는 말이지.

바꿔 말하자면 앞으로 귀관에게 부여될 임무를
적의 의심을 받지 않고 수행할 수 있다는 의미이기도 하고.

*일본특별고등경찰(特別高等警察)의 준말. 내무성경보국직속으로 감시나 첩보 업무를 수행했다 (역주)

임무요?
어떤… 임무입니까?

때가 되면
알려 주지!
이상일세,
미스 맥클라우드!
가서 쉬어!

아, 잠깐만… 마지막으로
지시할 게 하나 더 있다!

특급 기밀이야…
고위층에서 알려 온 바에 따르면
미스 루턴이… 뭐라고 해야 하나…
암페타민을 애용한다더군.
그러니 잘 감시해.
가끔 과용하는 경향이 있고…

그 경우, 제어하기 어려운
상태가 된다고 하니까!

19

엥?! 안젤라! 초호에 코로나도*가 도착했는데 보러 가지 않을 거야?

USO에서 베티 루턴의 공연에 필요한 기술팀과 장비들을 보내왔대! 오케스트라부터 여자까지 죄다 있다던데!

너나 가서 눈호강 해! 나보고 어쩌라고? 목구멍에 들어부을 술을 가져온 게 아니면 난 관심없어!

*콘솔리데이티드 PB2Y 코로나도 비행정. 주로 수송 임무를 담당한 대형기 (역주)

여자도 보고 술도 마시면 되지!

이건 네게 온 전문이야!

제길! OSS 태평양 본부로 당장 출두하라는 긴급 호출 명령이야!

쳇! 그나마 치즈케익 파일럿** 노릇은 좀 벗어날 수 있겠군. 제멋대로인 미련한 년을 산책시키는 일은 정말 지겹거든!

**동일한 항로만 따분하게 반복운항하는 파일럿을 가리키는 말 (역주)

20

호놀룰루, 히캄 공항

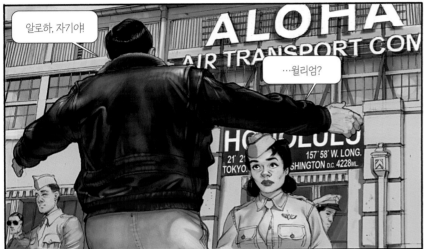

알로하, 자기야!

…윌리엄?

안젤라! 얼마나 보고 싶었다고, 허니!
가끔 정말 외로웠어…

어머!

혼자였다고? 정말?

늘 외로움을 달래 주던 여자가
여기 번히 보이는데!

당신이랑 나 사이엔 언제나
이 여자가 있어, 윌리엄!

두고 봐, 이번 임무는 심심할 틈이 없을 테니!
자, 수다는 이쯤 하고, 어서 타! 모두들 우릴 기다리고 있어!

오늘 밤, 저녁 식사에 초대할게, 허니!
곧 있을 지휘관들과의 재미없는 회의는 그냥 애피타이저라고 생각해!

안젤라. 이 분은 헨리 '햄' 아놀드 대장님이시고, 이 분은 도널드 A. 화이트 대령님, 또 헨리 R. 앨다나 중령님. 그 옆에 계신 분은 찰스 '셉템버' 캐리노 중장님. 마지막으로 클라이드 M. 벨바 대령님이셔. 이 분들은 모두…

장황한 설명은 그만 두게, 파울러! … 시간이 없어. 우리보다는 저기 있는 '잽'을 소개해 주게나!

안젤라. 이 사람은 고이시 스미노 대위. 최근 격추된 일본군 항공기를 조종하던 파일럿이야!

스미노 대위는 전쟁의 조속한 종식을 위해 우리에게 협조하기로 했어!

우린 이미 일본의 패전이 확정적이라 판단하고 있네… 하지만 일본 본토 점령을 강행한다면 수많은 목숨을 희생시킬 수밖에 없어…

아마 일본인들은 마지막 한 명까지 국가를 지키기 위해 목숨을 아끼지 않을 걸세…

전략국의 계산에 따르면 미군의 희생만 10만 명. 그리고 일본인들은 수백만 명이 죽음을 피할 수 없게 될 거야!

현재 덴노 주변의 일부 영향력 있는 인사들이 대규모 인명 손실을 피하면서 명예롭게 항복을 하기 위한 협상 루트를 찾고 있다고 알려져 있지…

히로히토 역시 이성적인 결정을 내릴 준비가 되어 있는 듯하다는군…. 왕좌가 보전되고, 천황의 신격을 그대로 유지하는 조건으로 말이야….

히로히토의 측근은 고노에 공작, 스즈키 총리, 그리고 기도 후작이야…. 다만 아직 다들 상당히 몸을 사리고 있지. 만일 제국군 대본영에서 알게 된다면…

바로 처형을 당할 테니까…. 게다가 잔인하기로 소문난 일본판 게슈타포, 켐페이타이*가 전 국민을 감시중이고

* 일본 육군의 헌병대(憲兵隊). 헌병의 영역을 넘어 일반경찰업무와 첩보공작, 방첩임무까지 수행했다. (역주)

그 평화주의자들은 전선에 파견된 일본 장교들 중에 뜻을 같이 하는 소수파들을 통해서 우리와 협상을 시도하고 있어!

그들 중 한 명이 윌리엄과 연결됐다네…. 하지만 의심이 많아서 자신들이 신뢰할 수 있는 일본인 협상자를 요구했고…. 그래서 고이시 스미노를 선택하게 된 거지!

고이시는 전쟁 전 미국에서 오래 거주했어. 워싱턴에서 열린 전 세계 일본 대사 모임에도 자주 참석해서 고노에 공작, 간타로 총리, 기도 후작과도 자주 만남을 가졌지…. 덕분에 그들이 고이시라면 신뢰하겠다는 거야!

그런데 왜 일본 조종사가 우릴 돕겠다는 거지?

스미노 대위의 누나는 진주만 공습 이전에 미국으로 이민을 왔는데, 현재 만자나 수용소에 격리되어 있고, 일본 첩보부인 토코를 위해 일했다는 혐의를 받고 있어! 국가 반역죄로 사형에 처해질 수 있지.

스미노 대위는 일본 정부의 명예를 보장하는 내용의 항복 제안을 전달할 접선책 역할에 동의했고, 우리는 그 대가로 일본이 항복할 경우 대위의 누나를 대통령령으로 사면하고 즉각 석방하기로 약속했어!

알겠어, 안젤라?··· 이 임무에 따라
수백만 명의 운명이 바뀌는 거야!

아니, 윌리엄. 이해가 안 돼!
그 안에서 내가 맡을 역할이 뭐야?

안젤라. 우린 네 도움이 필요해!··· 네가 구스*를 몰고, 대위를
평화주의자들이 파견한 밀사에게 몰래 데려다 줘야 한다구!

*그루먼 G-21 Goose 소형 비행정 (역주)

하지만 이런 '우유 배달' 임무는 이 기지에 있는
남자 조종사들 아무나 시켜도 되는 일이잖아.

그 반대야, 자기야!

네가 USO 위문공연으로 이 섬 저 섬 돌아다니는 '핀업 걸 전담
조종사'라는 사실은, 이미 제국 첩보부, 토코의 스파이들이나
아군 기지에 숨어 있는 친일본계 원주민들도 확인했을 거야.
완벽한 위장 신분이지! 누가 이렇게 착하고 아담한 여자가 모는
평범한 저속 수송기를 의심하겠냐란 말이야!

칭찬 고마워!··· '착하고 아담한 여자라!
참 듣기 좋은 말이네!

에이! 기분 상했어? 허니!
자길 이번 임무의 적임자로
추천한 사람이 바로 나야.
내가 얼마나 자기와 자기의 뛰어난
조종술을 믿는지 알겠지? 나도
고이시 스미노와 동행할 거야!

내 운명을 자기의
이 조그맣고
착한 두 손에
맡기는 거야!

물론 내 목숨까지
말이야···
무슨 말인지 알지?

24

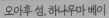

싫어, 윌리엄. 그만해…

그날 밤, 만자나르 수용소

서라! 탈옥이다! 탈옥!!

제길! 일본 파일럿의 누나 요코 스미노야.

헹! 그게 어때서? 음흉한 원숭이 한 마리가 죽었을 뿐인데!

입 닥쳐, 멍청아! '와일드 빌' 도노반 장군과 그 휘하 OSS 요원들은 이 소식을 별로 달가와하지 않을 거야!

26

진주만 비행정 기지

전면 개조했다고? 망할… 이 비행기는 아마 남북전쟁 시절에 링컨 대통령을 태운 이후로 단 한 번도 비행하지 않았을 거야!

아니! 그건 말도 안 되지, 아가씨. 이 비행기는 그루먼이 1937년에 제작한 거야! 기술 설명서에 기재되어 있다구!

여튼… 라바울 부근 가젤 케이프에 착수하도록! 거기서 약속한 발광 신호를 교환하면 파울러 대위와 스미노 대위가 보트로 옮겨 타고 일본 측 밀사를 만나러 가게 될 걸세.

라바울이요? 거긴 완전히 요새화되어 있는데! 일본놈들이 런던 공습 때 처칠이 설치한 런던 방공망보다 많은 대공시설들을 배치해 놨다구요!

흠! 커세어가 호위하는 어벤저 편대가 동시 교란 작전을 전개할 걸세…. 그러면 라바울의 모든 일본 전투기가 몰려가겠지. 아무도 비무장 구스 따윈 신경쓰지 않을 거야.

며칠 후, 일본놈들이 우리의 제안을 지휘부에 전달하면, 파울러가 무전으로 우리와 교신을 할 거고, 이후 동일한 방법으로 복귀시키면 임무 종료야….

그 다음엔 다시 USO 위문 공연 조종사로 돌아가 베티 루턴을 B-29가 주둔한 티니언 섬으로 데려가면 돼. 거기서 폴 티비츠 대령이 직접 자네를 맞이할 걸세.

티비츠 대령이라구요?

그래, 티비츠…. 이제 다 끝났어, 미스 맥클라우드! 마지막으로 윌리엄 파울러와 함께 일본의 평화 주의자들을 상대로 협상을 통역할 니세이*한 명이 동행할 걸세!

* 일본계 미국인 2세 (역주)

안젤라, 이쪽은 로이 히로시 마츠모토야!

미스 안젤라는 버마에서 만났었죠. 고집이 대단한 여자예요!

이해가 안 되는군, 고이시… 그렇다면 왜 우릴 돕는 거지?

천황 폐하만이 전쟁을 최종 종결할 신으로서의 결정권을 가지고 계시기 때문이야. 내 동포들이 명예로운 방법으로 집단 자살을 피할 수 있는 유일한 길이기도 하지.

그것이 가능하다면, 가능성이 아무리 작더라도, 자랑스럽게 내 목숨을 바칠 준비가 되어 있어.

아, 씨팔! 레이더에 스팟이 잡혔다…!

다시 확인한다! 2시 방향, 위쪽에 적기 출현.

회피 불가능! 우릴 향해 직진 중! 적기 역시 우리를 탐지했다!

비행 속도를 볼 때 전투기다…. 어빙*으로 보인다!

*일본군이 운용하던 쌍발 전투기 나카지마 J1N 겟코의 연합군 식별명 'Irving' (역주)

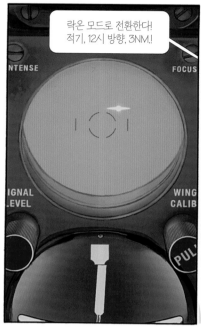

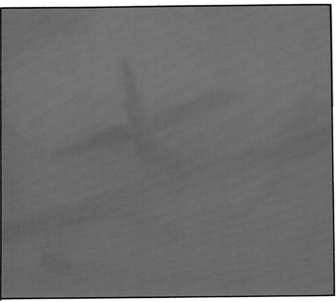

파푸아뉴기니,
가젤 케이프 인근 해상

아! 저기! 발광 신호야!

암호가 맞아!
GO, GO, GO, 가자!

조심해, 윌리엄!

걱정 마, 문제가 생겨도 내겐
리타가 있잖아. 리타의 성깔과
질투심이라면 나보다 먼저
나서서 적군을 죽여 줄 거야!

행운을 빌어, 허니!

32

몇 달 전, 텍사스 주 어벤저 필드 동부, 스위트워터

첫… 언니! 유타 기지에서 돌아온 뒤로 말수가 너무 줄었어! 라스베가스에서 룰렛이나 블랙잭을 하다가 혀까지 저당잡힌 거야?

아하! 언니 애인 사진인가 봐? 보여 줘…. 내숭 떨지 말고!

야!

와아! 미남이네! 게다가 대령이야! 티비츠라고 했지? 이 미지의 남자?

얼른 이리 내, 이 기집애야!

뭘 자꾸 숨겨! 자매끼리 뭐든 얘기할 수 있는 건데…! 이 남자, 사랑하는 거야? 결혼은 언제 할 거야? 말해 봐!

그 사람 유부남이야…. 희망 없다구! 그러니 신경 꺼, 안젤라!

좋아, 좋아. 더 묻지 않을게…. 대신 언니가 신고 다니는 그 '호박에 대해 설명해 줘!

아, '호박 말이야? '가제트' 라고도 불러!

모형 폭탄인데 무게는 5톤 정도 나가고,
유타 주 솔트레이크 사막에 투하한 뒤에
쉽게 회수하려고 노란색 크롬 도금을 했어…

뭐?… 모형 폭탄이라며 왜 회수하려고 그렇게 애를 쓴대?

폭약만 모형이야… 시멘트와 석고로 무게를 비슷하게 맞춘 거고
복잡한 기폭 장치는 본래 장치 그대로야!

기지 내에서 도는 소문에 따르면, 이 폭탄에 실릴 폭약이
도시 하나를 지도에서 흔적도 없이 날릴 정도래!

하지만… 불가능한 이야기잖아!
지금 있는 그 어떤 폭약도…

재래식 폭약 얘기하는 거야?
… 너 혹시 플루토늄 239에 대해 들어 봤어!

난… 어… 안젤라, 우리 가자.
시내에서 장을 좀 봐야 해서…

분명히 바에 앉아 있던 남자가
우릴 엿듣고 있었어!

언니, 요새 탐정 소설을
너무 읽는 거 아냐?

34

이건 일급 기밀이야! 네가 몰라서 그래! 기지에선 항상 감시를 받았어! 어쩌면 지금도 감시 중일지도 몰라!

벌써 파일럿과 지상 기술자 중에 6명은 너무 떠벌리고 다닌다고 적발됐단 말이야!

그래, 다들 총살을 당했거나 전기 의자에서 바베큐 신세가 됐다 이거야?

그보다 더 안 좋았어! 편지를 한두 통 받았는데, 다들 알래스카에 있는 전진기지로 전출당했대!

언니 말이 맞아, 호회 저 뒤에서 우릴 따라오는 차도 우릴 감시하는 거고 말이야, 그렇지?!

재미없어, 안젤라. 정말 상황 파악을 못하는구나!

아무튼... 나는 다른 '와스프'와 함께 B-29 슈퍼 포트리스의 테스트 비행 업무를 담당했어.

남자 파일럿들은 프로토타입 항공기가 추락한 뒤로 하늘을 나는 관짝이라 부르며 그 비행기의 시험 비행에 더 이상 참여하지 않았고, 우린 '특급 기밀'로 분류된 부품들이 가득한 상자들을 특별 수송해야 했지!

이 비행은 완전 극비 취급이라, 탑승 후 콕핏을 바깥쪽으로 볼트로 체결해 봉인했고, 착륙 후 화물들을 모두 하역한 다음에야 캐노피를 열어 줘서 나랑 다른 와스프가 밖으로 나올 수 있었어!

...만일 추락하면? 둘 다 갇히는 거잖아! 탈출도 못하고 죽을 거야!

바로 그거야, 엔젤! 우리끼리도 그 이야길... ?!

35

?!!

까아아악!!

이게 뭐야 저 새끼 완전히 미친 놈 아니야?
저 병신, 일부러 그러기라도 한 것처럼!

그래… 일부러 한 거야!

경고를 하는 거지!

나보고 입을 닥치라는 거야!

LA, 브로드웨이 애비뉴, 차이나타운

유키오!? 미쳤구나… 만일 중국인들이 널 본다면, 일본인인 널 죽여서 짓이겨 놓을 게야!

뒤를 밟은 사람이 없는 게 확실하니?… 이건… 흠… 내가 이 작은 가게를 운영하는 것도 힘들게 되겠구나!

그나저나 무슨 일로 왔니, 얘야? 넌 엄마랑 만자나르에 수용되어 있는 줄로 알았는데… 그래! 아름다운 요코는 어떻게 지내니?

죽었어요!… 나쁜 새끼들이 우리가 탈출할 때 엄마를 쏴죽였다구요!

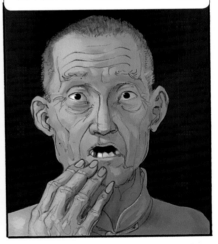

총에 맞아 죽어!? 탈출하다가? 거기는…평범한 격리 수용소라고 알고 있었는데… 그게 아니었니?

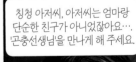

이 미국인 개자식들이 음모를 꾸미고 있어요! 놈들에게 죄값을 치르게 하고 싶어요!

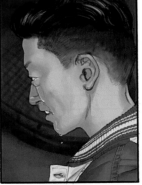

칭칭 아저씨, 아저씨는 엄마랑 단순한 친구가 아니었잖아요…. '곤충선생님'을 만나게 해 주세요.

37

*BC-778 'Gibson girl' 구조신호 송신기. 크랭크를 돌리면 SOS 전파신호를 송출하는 장비다. (역주)

하느님!! 구스야! 우리 살았어, 매트! 살았다구!!!

저길 봐. 호위기도 따라오고 있어!

뭐… 뭐야? 잽이야! 잽!!

인… 인어인가?

아냐… 헉헉… 놈이 우릴… 헉헉… 끝장낼 거야… 헉헉!!!

?!!

가 버린다… 갑자기 우리가 불쌍해졌나 봐!

꿈도 꾸지 마. 아마 잠수함을 보내서 우릴 포로로 잡으려 할 걸….

착수하기 전에 우리 위치를 무전으로 알려 놨어… 누가 빨리 오느냐에 따라 우리 운명이 결정되겠지….

안녕하세요, 선생님…. 저는…

네가 누군지, 어디서 왔는지 알고 있다. 무슨 편지 얘기도 있던데…. 다 말하렴!

선생님, 그 개자식들이 엄마에게 제국 해군 조종사인 고이시 삼촌에게 거짓 편지를 쓰라고 강요했어요….

계속해!

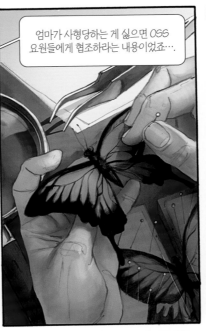

엄마가 사형당하는 게 싫으면 OSS 요원들에게 협조하라는 내용이었죠….

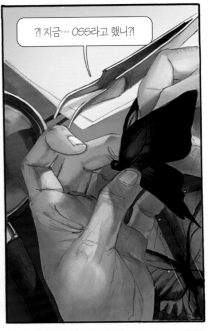

?! 지금… OSS라고 했니?!

스미노 고이시 대위라! 고노에 공작, 기도 후작, 그리고 스즈키 총리*와 친분이 깊은 자야!

저주받아 마땅한 평화주의자들은 폐하의 주변을 어슬렁거리면서 폐하께 불명예스러운 항복 승낙을 얻어내려 하고 있어!

제국군 정보부의 아리스에 세이조 부장**이 관심을 보일 만한 정보군…

*고노에 후미마로(近衛文麿), 기도 고이치(木戶幸一), 스즈키 간타로(鈴木貫太郎)는 모두 2차대전 말 종전공작을 펼친 인물이다. (역주)

** 아리스에 세이조(有末精三, 1895-1992) 일본 육군참모본부 2부(정보부) 부장. (역주)

41

이봐! 9시 방향에 반사 신호야!

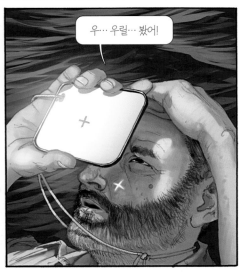

우… 우릴… 봤어!

어서 타! 너희 세 명을 구조하면 우리 전대의 누적 구조 기록이 396명으로 늘겠군!

1주 후. 울리티 환초

와히네! 와히네! 어서! 난리 났어!

베티가 숙소를 빠져나가 크라울리 바에 갔어!

그 빌어먹을 약을 한 줌이나 먹었던데…

마릴린 헤어가 세운 1만 명과의 키스 기록을 깨겠다며, 울리티 기지에 있는 모든 해병들과 키스를 할 거라고 고집을 부렸단 말이야!

타아로아, 네가 앞장서서 길을 좀 열어 줘!

비켜, 자자, 옆으로 좀 비켜 봐, 얼른!

나도! 나도! 베티!

야! 내 차례야!

베티! 베티! 베티!

됐어, 베티. 그만 해…

또 너야, 기름투성이? 날 좀 냅둬!
난 내 일을 할 뿐이야
군인들의 긴장을 풀어 주고,
사기를 올리는 일!

임무는 성공했어!
사기가 오르다 못해 발기했으니까!
좀더 하게 되면
오히려 병사들에게 안 좋아!

네가 뭔데 이래라 저래라야!
이 고릴라 같은 년아!

좋아… 타아로아?!

상어 밥으로 줄까?

그러면 상어가 너무 불쌍하지!
상어들이 벌을 받을 필요는
없잖아! 방갈로에 가둬 둬!

무슨 권리로 이러는 거야?
난 베티 루턴이야! 베티 루턴!

타아로아, 난 해변에 내려 줘,
바람을 좀 쐬야겠어…

그 다음 베티를 숙소에 가두고,
헌병들에게 잘 감시하라고 경고해 줘.
안 그러면 군법에 회부될 수 있다고!

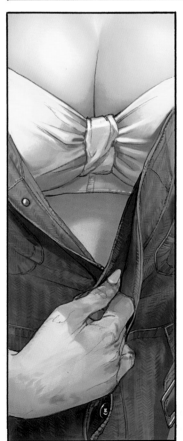

44

나 아우포 와히네!*
··· 저 여잔 정말 미쳤어!

*'na' aupo wahine!, 폴리네시아 말로 지독한 여자 (역주)

그래 봐야 내일이면
또 시작할 거야!

아닐 걸!

숨겨 놨던 '베니'를
전부 찾아냈거든!
이제부터 강제로
디톡스를 하게 될 거야!

안젤라! 암호 전문이 왔어.
긴급이야!

파울러 요원이
서류를 입수함.
부카 환초에서 내일
현지 시각 12시 귀환
작전 예정. 현지 시각
06시 출발 예정.

특수 작전용 PBY 카탈리나 VP-12 블랙 캣에 탑승할 것.

현지 시각 11시30분 교란 작전으로 라바울 기지 폭격 예정. – 행운을 빌겠음 –

45

같은 시각, 동쪽으로 160 해리 부근

대위님, 휴대용 무전 신호가 잡힙니다!
암호 일치! 그들이 맞습니다!

좋아! 가자!
귀환 접촉 지점은
작은 강 하구다.
버질, 착수 상황
체크 리스트를 확인해.

저기야! 구명 보트가 보여!

각자 전투 위치로!
던, 우현 쪽으로 접근할 테니,
도어 개방을 준비해!

OK! 탑승 완료! 이륙해! GO! GO! GO!

맙소사! 우리 쪽으로 선회하고 있어.
우… 우리랑 충돌하려는 거야!

서둘러!! 이륙해! 이륙해!

파울러 대위는?! 무슨 일이 일어난 거지?!
제발, 고이시, 대답해!

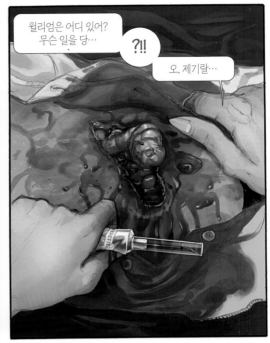

윌리엄은 어디 있어?
무슨 일을 당…

?!!

오, 제기랄…

난.. 약속을 지켰어!
이게… 너희들의 항복 제안에 대한
천황 폐하의 회답이야….

OSS도 내 누나에 대한
약속을 지켜 주길 바란다!

난… 우리 국민들이… 엄청난 피를 흐… 흘릴…
위기를 막기 위해 행동했어….
이제, 사무라이의 명예를 걸고…
무사도에 따라… 내 행동에 대한 대가를 치뤄야 해!

릿파나 사이고!*

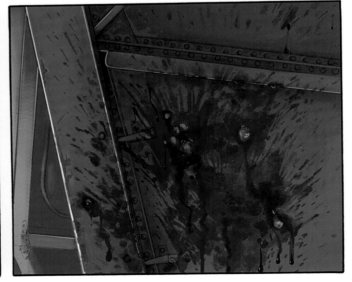

*'릿파나 사이고' 立派な 最後, '장렬한 최후' 정도의 뜻

51

자, 기운 내, 안젤라! 넌 와스프잖아!

임무가 우선이야

462ND FIGHTER SQUADRON
506TH FIGHTER GROUP
IWO JIMA

5장
블랙 샌드

노스 아메리칸 P-51D 머스탱
NORTH AMERICAN - P-51D MUSTANG

엔진	패커드 V-1650-7 (롤스로이스 멀린)	항속거리	기본 1,865 km. 165갤런의 추가연료탱크 장착시 2,500 km.
출력	1,695마력	무장	브라우닝 M2 12.7 mm 중기관총 6문
수평최고속도	703 km/h		최대 2,000파운드의 자유낙하폭탄
최대상승고도	11,280 m		또는 127 mm HVAR 로켓 10문

구축함 USS 매너트 L. 아벨.
태평양, 울리티 환초-이오지마 간 해상

함장님…! 스코프에 여섯 개의 점이 잡힙니다.
적기 편대가 접근 중입니다!

방위 3-4-3, 거리 46마일!
속도 시속 180마일!

레이더에 잡히는 속도가 느린 걸 보면
폭격기가 틀림없군…. 총원 전투 배치!

DING
DING
DING
DING
DIN

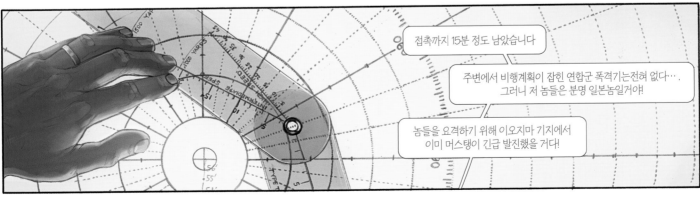

접촉까지 15분 정도 남았습니다

주변에서 비행계획이 잡힌 연합군 폭격기는 전혀 없다….
그러니 저 놈들은 분명 일본놈일거야!

놈들을 요격하기 위해 이오지마 기지에서
이미 머스탱이 긴급 발진했을 거다!

목표를 육안으로 확인! 좌방 30도!

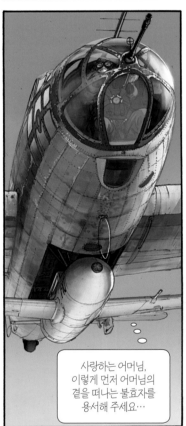

사랑하는 어머님,
이렇게 먼저 어머님의
곁을 떠나는 불효자를
용서해 주세요…

그러나, 어머님의 아들 요시타로가 천황 폐하를 위해
한 목숨 바쳐 야스쿠니 신사의 수호령이 되었다는 사실을
나중에 아신다면 기뻐하시겠죠.
하지만, 어머님께 슬픔을 끼치게 되어 정말 괴롭습니다.

제발, 저를
용서해 주세요.

비상!!
후방 상공에 적기 출현!!

주님… 조종간이…
조종간은 그래도 말을 듣는군…

제길! 주익이 2미터는 날아갔네!
물에 닿기 전에 추락하겠어…

에일러론의 트림은 최대로 놓고…

조종간은 당기고…

자, 엉클 독.*
날 집으로 데려다 줘…

*미군 전투기들은 해상 항법을 위해 AN/ARA-8 원정복귀무전기를 달았다. 모스부호 U와 D 신호 사이의 경로로 비행하면 귀환할 수 있었으므로 'Uncle Dog'이라는 별명이 붙었다. (역주)

··· ─   ··· ─   ··· ─   D. 그러면 너무 오른쪽으로 치우쳤군.**

**모스부호 D가 들리면 트랜스미터 기준 우측, U가 들리면 좌측으로 치우친 상태다. 올바른 복귀 경로로 비행한다면 소리가 들리지 않는다. (역주)

히이익! 아아앗! 우린 다 죽을 거야! 모… 모두 익사할 거야!

733

그만 좀 꽥꽥거려, 이 멍청아! 귀청 떨어지겠어!

하지만 난… 헤엄을 못 쳐!

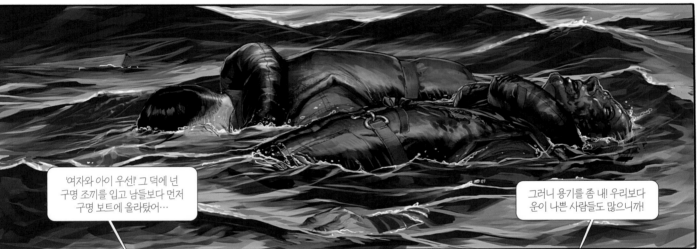

'여자와 아이 우선!' 그 덕에 넌 구명 조끼를 입고 남들보다 먼저 구명 보트에 올라탔어…

그러니 용기를 좀 내! 우리보다 운이 나쁜 사람들도 많으니까!

오, 주님! 절 무슨 시험에 들게 하시는 건가요? 앞으로도 계속 시련을 내려 주실 건가요?

입 닥치지 않으면 목을 졸라 버리겠어!

네가 티니안으로 갈 때 비행기를 타기 싫다고, '훨씬 안전할' 거라고 억지를 부렸기 때문에 저 빌어먹을 배를 타게 된 거란 말이야!

메이플 타워, 여기는 호크아이 리더. 메이데이, 메이데이, 기체의 손상이 심하다. 긴급 불시착을 요청한다!

자, 예쁜지, 마이 앤젤. 끝까지 잘 버텨 줘!

호크아이 리더! 남쪽 비행장의 활주로를 비워 놓았다. 남쪽으로 15NM 더 이동하라…

응급 구조대가 현장 대기 중… 행운을 빈다, 친구!

눈 한쪽에 멍이 들고, 코에 충격을
받은 것뿐이에요.
상황에 비해 운이 좋으셨네요, 대위님!

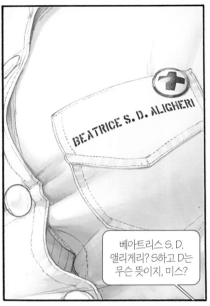

베아트리스 S. D.
앨리게리? S하고 D는
무슨 뜻이지, 미스?

Secret defense!
국가 기밀이란 뜻이에요.
움직이지 말아요!

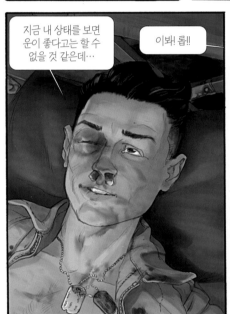

지금 내 상태를 보면
운이 좋다고는 할 수
없을 것 같은데…

이봐! 롭!!

맙소사! 대단해, 롭…!
날개가 부러진 비행기로 귀환에 성공한 건 정말 기적이야!

비행기를 그렇게 망가뜨리기냐?
네가 수리하지 않는다 이거지?!

설명 좀 해 봐, 롭.
어쩌다 그렇게 된 거야?

내 애인이 내 비행기를 빌려갔거든. 여자들은 다 그렇다는 건
너도 알지? 차를 끌고 나가면 여기 저기 망가뜨려 오잖아.

일본 비밀 부대의 '오카'하고 붙었다며?

우리 구축함 매너트 L. 아벨을 침몰시킨
두 녀석도 그 부대 소속이라던데!

그보다 놀라운 소식이 있는데.
놈들이 투하한 폭탄엔 조종사가 타고 있어서
비행 경로를 마음대로 바꿀 수 있어!

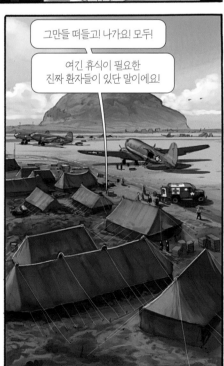

그만들 떠들고! 나가요! 모두!

여긴 휴식이 필요한
진짜 환자들이 있단 말이에요!

받아들일 수 없어! 절대 못 받아들여!

일본의 이 항복 제안 조항들은 일고의 가치도 없는 내용이야!

일본이 우리에게 뭘 요구할 상황이 아니야! 덴노는 보위에서 내려와야만 해!

흠… 도노반의 말이 맞아! 대통령은 절대 이 조건을 받아들이지 않을 거야!

어쩌면 다른 방법이 있을 수도 있죠. 덴노가 아들에게 양위를 한다면…

그 대신 절대 재판정에 세우거나 비난하지 않겠다 약속하는 겁니다. 그러면 왕좌에서 내려오더라도 황가 혈통은 유지할 수 있으니까요.

그럼 자국민들에게 체면을 살릴 수도 있고… 대단한 계책 아닙니까?

하지만… 이미 몇 개월 전부터 수천 명의 인력이 달라붙어 혼신의 노력을 다해 진행중인 '맨해튼' 계획을 잊은 듯하군!

그래! 이미 엄청난 예산이 투입된 그 기적의 무기 개발은 지금 어디까지 됐나? 벌써 20억 달러가 들어갔단 말이야!

우리 전문가들이 개발은 마친 상태야.

이제 남은 건… 그러니까… 기폭 장치 관련 작은 문제들이지… 기폭 장치가 제대로 작동한다는 확신을 얻고 싶어서 말이야! 만일 기폭 장치가 오작동을 한다고 상상해 보게…. 그런 무기가 온전한 상태로 적군의 손에 넘어가게 놔 둘 수는 없어!

이제 며칠 후면 테스트에 들어갈 걸세!

수만 명의 어린 아이들이 목숨을 잃게 하느니, 그 멍청한 허수아비를 왕위에 그대로 놔두는 게 낫지 않을까?

바로 그거야…. 일단 계속 항복 협상을 이어 가세…. 우리 답변은 좀 늦추고… 시간은 우리 편이니까!

이오지마

얘들아! 내 말 좀 들어 봐!! 베티 루턴이 LSM190에 타고 있다는 소문 들었어?

베티! 베티!

베티! 베티!

베티! 베티!

왜!? 어디가 어때서! 너희들은 카미카제에게 공격받고 표류하다가 이틀 동안 배멀미해도 이보다 상태가 좋을 줄 알아?!

이오지마에 오신 걸 환영합니다. 해머 중위입니다.

무전 연락을 잘 받았습니다. 베티 양, 저를 따라 의무실로 오십시오 안젤라 양은 어니스트 '미키' 무어 준장님이 기다리고 계십니다.

세상에! 이게 무슨 악취람 못 살겠네! 근처에 정화조도 있는 거예요?

일본 말로 이오지마는 유황의 섬을 뜻하죠. 이 곳엔 구역질 나는 광물 외엔 아무 것도 없어요.

게다가 모래사장에 수백 구의 일본군 시체가 묻혀 있죠! 아직 정리를 마치지 못한 상태에서 두 분을 모셔 죄송합니다… 섬의 안전을 완전히 확보하지 못한 상태라서요!

?!!안전하지 않다고요?

섬 북쪽에 소규모의 저항군이 아직 남아 있죠. 일본놈들을 제압하기가 쉽진 않습니다!

… 그래서… 귀관들이 겪은 일을 생각해 보면, 베티 루턴 양이 계속 티니안에서 위문 공연을 할 수 있을지 의문이야…

일단 의무관의 진료 결과를 기다려 보도록 하지, 미스… 하지만 난 두 사람 모두 하와이로 전출을 보낼 생각이네!

SUN SETTERS VII

아무래도 이런 지옥에 머무는 것보다 호놀룰루의 티키 바에서 칵테일을 홀짝거리는 것이 훨씬 낫겠지…

하지만… 준장님, 그럴 수는 없습니다!

날 그냥 미키라고 부르게, 미스… 불행히도 난 내 병사를 다독거릴 보모가 별로 필요하지 않아! 이미 간호 부대가 파견을 나와 훌륭하게 일을 하고 있지!

저는 간호병이 아닌 와스프, 파일럿입니다!

비행으로 국가에 헌신하기 위해 자원했지, 골 빈 연예인을 후송하려고 입대하진 않았습니다! 전 어떤 항공기도 조종할 준비가 되어 있습니다! L-5나 군용 기구도 상관없습니다. 날기만 하면 됩니다!

오! 오오!… 와스프라고? 알겠군, 알겠어…. 아주 예쁜 날개 뱃지야.

좋아! 나한테 조세핀 조종사가 필요한데… 관심 있나?

조세핀은 해상 구조를 위한 공중 감시 임무에 배정된 항공기의 코드명이야 귀관의 역할은 섬 부근 해역을 초계하면서 구조 요청 무전을 청취하고, 위험에 처한 파일럿들을 탐색하는 일이다. 귀관이 몰게 될 P-51에는 투하가 가능하게 개조한 구명 보트를 장착할 거야.

P… P-51이요? 제가 머스탱을 조종하게 되는 건가요?

좋아, 미스 맥클라우드, 귀관의 미소를 동의로 간주해도 되겠지? 햄머 중위, 미스 맥클라우드를 새로 배정된 부대로 안내하고, 정비고도 소개해 주도록…. 그리고 시뮬레이터를 통해 엉클 독 무전 항법 장비도 숙지하도록 도와주고.

아, 병사들의 동요를 방지하기 위해 두 사람을 간호 부대 숙소에 배정했네… 간호 부대용 막사 하나를 두 사람이 사용하도록! 이상이다, 미스!

다음 날, 새벽

비행이야! 드디어!

외상 후 스트레스 증후군입니다.
쉽게 말해, 신경이 충격을 견디질 못하는 거죠!

그럴 만도 하지 않겠어요?
타고 가던 비행기가 사격을 받고, 배는 카미카제
공격을 받아 표류하는데, 이게 특수 효과도 아니고,
대역 배우를 쓴 것도 아니니까요!

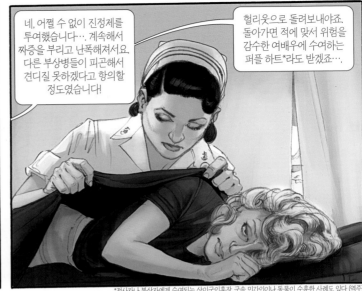

네, 어쩔 수 없이 진정제를
투여했습니다… 계속해서
짜증을 부리고 난폭해져서요.
다른 부상병들이 피곤해서
견디질 못하겠다고 항의할
정도였습니다!

헐리웃으로 돌려보내야죠.
돌아가면 적에 맞서 위험을
감수한 여배우에 수여하는
퍼플 하트*라도 받겠죠….

*전사자나 부상자에게 수여되는 상이군인훈장. 군속 민간인이나 동물이 수훈한 사례도 있다 (역주)

웃기시네! 야, 그 정도 길이가 뭐가 대단해?
존만아! 진짜 긴 게 뭔 지 한번 보여주지!

네가 졌어, 친구!… 내 쇼트 스노터는 19장이야!
네 것보다 더 길다고! 하하! 규칙은 잘 알지?
가장 짧은 놈이 전원에게 한 잔씩 돌리는 거!

롭!!

이… 이 목소린!!

안젤라!!

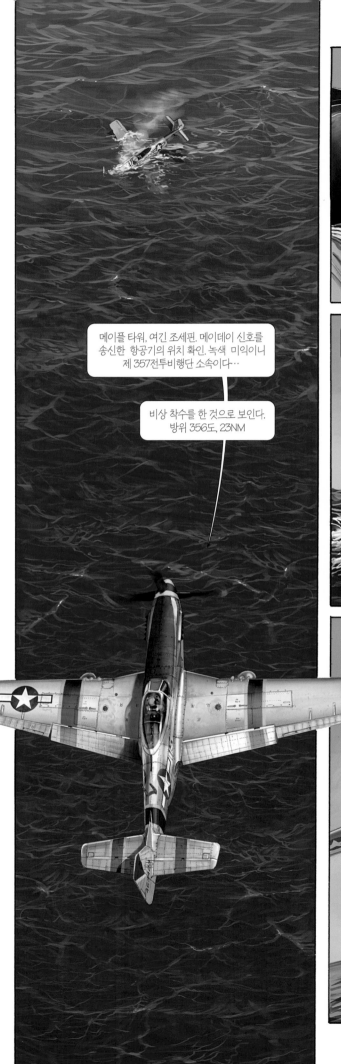

메이플 타워, 여긴 조세핀. 메이데이 신호를
송신한 항공기의 위치 확인. 녹색 미익이니
제 357전투비행단 소속이다…

비상 착수를 한 것으로 보인다.
방위 356도, 23NM

구명 보트는 보이지 않는다.
기체 손상은 없는 듯하며,
파일럿은 육안 확인 불가능…

제길! 파일럿이 아직 콕핏에 있다!
정신을 잃은 듯 보인대!!

다시 돌아가 구명보트를 투하하겠다!

맙소사, 완전히 가라앉았어!

괜찮아, 미스 맥클라우드…
우는 게 정상이지!

준장님, 저… 저는…

귀관과 관제탑의 무전 통신을 들었다…
귀관이 할 수 있는 건 아무 것도 없었어.
5분 전에 도착했더라도… 그런 거야.

그 파일럿은
착수할 때
조준경과 부딪쳐
정신을 잃었겠지.

소위 VLR*이라 부르는 도쿄행 임무는 작전 거리가 2400km야.
착탈식 보조 연료 탱크를 달아도 항속 거리의 한계선상이지.
연료 소비를 엄격하게 관리하지 않으면 결국 연료가 바닥나게 돼…

그래서 8시간의 왕복 비행 후에
기지까지 5분 남기고 추락한 거야!
잔여 연료가 전혀 없으니까.

*very long range (역주)

귀관은 1주일을 논스톱으로 비행했다. 이 섬에서
제공 가능한 두 가지 보상을 받을 자격이 충분해.

첫 번째는 유황 온천수로 데운
맛있는 커피고…

병사, 쉬어! 미스 맥클라우드가 커피를 다 마시면,
'올드 이오지마 스파'에 데려가서 따뜻한 온천욕을 할 수 있게 해 주도록…

네? 이… 이런 곳에 스파가 있습니까?

'시 비즈*'들이 대피소 하나를
목욕탕으로 개조하고
섬에서 솟는 온천수를 끌어 왔지!

*Sea Bees, 미국 해군 건설공병대. 약칭인 시 비즈는 Construction Battalion의 약자인 CB의 변형이다. (역주)

자, 미스 '올드 이오지마 스파에 오신 것을 환영합니다. 샤워, 마사지, 따뜻한 목욕과 시원한 맥주가 있는 곳이죠!

제21전투비행단 소속의 군의관이 일본까지 VLR을 뛰고 온 파일럿들의 요통을 치료하기 위해 따뜻한 온천수를 써먹자는 아이디어를 내서 설치한 겁니다.

흥미롭군요… 아주 좋은 생각이에요.

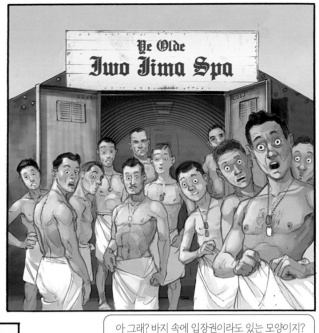

아, 안돼, 미스. 들어올 수 없어. 여긴 수컷들에게만 허용된 공간이야!

간호사 구역은 비행장 반대쪽이니 그리로 가.

아 그래? 바지 속에 입장권이라도 있는 모양이지? 어디 네 걸 보여줘 봐, 입장할 자격이 있나 보게!

여긴 가슴에 날개 표장을 단 사람들만 쓰는 곳이라고 해서 왔다. 난 '조세핀'의 파일럿이야! 언젠가 태평양 바다 위에서 허우적거리게 될 때 내가 구명 보트를 투하해 주길 원하면 좀더 겸손하게 굴어!

어… OK, OK!

다들 안녕! 난 저 안쪽 욕조를 쓸게. 수건 여러 장하고 줄, 그리고 빨래집게 좀 구해 주지 않겠어?

간단한 가림막을 만들 생각이야! 쓸데없이 흥분하는 일은 없어야지….

♪ bye, bye, bye baby
don't cry baby ♪

shoo, shoo, shoo baby
do-dah do-day ♪

♪ your papa's off
to the seven seas!*

*The Andrews Sisters – Shoo Shoo Baby (역주)

이봐, 미스! 좀더 완벽한
즐거움을 위해선…

?!!

시원한 맥주 만한 것이 없지!

얘들아! 끔찍한 소식이야!
루즈벨트 대통령께서 서거하셨대!

맙소사! 대통령이… 아냐! 거짓말일 거야!
대통령이 죽었을 리 없어!!

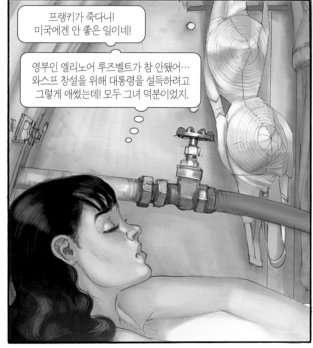

프랭키가 죽다니!
미국에겐 안 좋은 일이네!

영부인 엘리노어 루즈벨트가 참 안됐어…
와스프 창설을 위해 대통령을 설득하려고
그렇게 애썼는데! 모두 그녀 덕분이었지.

76

괜찮아, 앤젤! 솔직히 말해 봐. 다른 남자가 있지, 그렇지?

그게… 좀 복잡해…. 지금… 생사조차 제대로 모르거든! 확실히 결정나지 않은 상태에서 바람을 피우고 싶진 않아…

다 얘기해 줘. 진실을 알고 싶다고, 안젤라!

롭, 널 만나기 전부터 윌리엄을 알고 지냈어!

OSS의 비밀 기지에서 정보 교육을 받고 있을 때 만났지…. 윌리엄은 내 교관이었고, 한 눈에 반했는데. 정말 여자에게 인기가 많은 남자였어…. 그러다 떨어져 지내게 됐고…

BOOM

대포소리 정말 신경 거슬리네! 밤에는 좀 멈출 수 없는 거야?

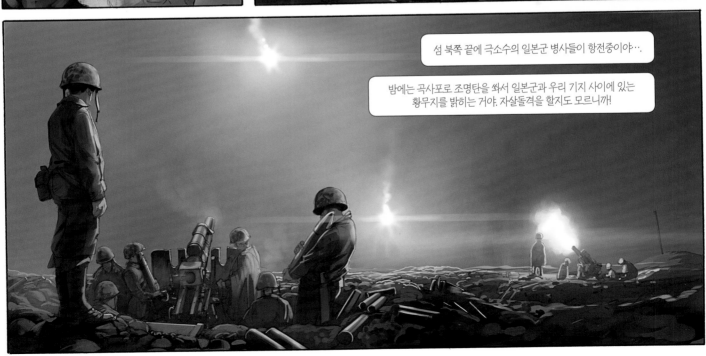

섬 북쪽 끝에 극소수의 일본군 병사들이 항전중이야…

밤에는 곡사포로 조명탄을 쏴서 일본군과 우리 기지 사이에 있는 황무지를 밝히는 거야. 자살돌격을 할지도 모르니까!

반자아아아이!

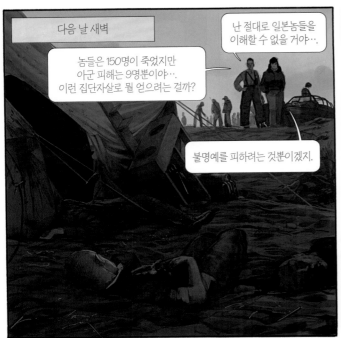

난 절대로 일본놈들을 이해할 수 없을 거야···

놈들은 150명이 죽었지만 아군 피해는 9명뿐이야··· 이런 집단자살로 뭘 얻으려는 걸까?

불명예를 피하려는 것뿐이겠지.

그래서 어쩌겠다는 거야? 목조 건물로 뒤덮인 도시를 소이탄으로 싹 쓸고 있는데··· 도쿄도 반쯤 날아갔고.

오늘 임무는 그대로 속행한대··· 300대가 넘는 B-29의 공습을 호위하게 될 거야!

기상 관측기가 먼저 뜰 거고, 우린 바로 뒤따라 이륙하겠지.

쉽진 않을 거야. 경로 상에 악천후 지대가 형성되어 있는 거 같다더라.

롭, 윌리엄 일은 미안해. 괴롭게 만들고 싶진 않았는데, 난···

안젤라··· 난 널 사랑해.

나도 사랑해, 롭!··· 그리고 단순히 내 목숨을 구해 줬기 때문에 그런 게 아니야!

그럼, 선택을 해··· 절반··· 의 사랑을 받고 싶진 않아!

내게 얼른 돌아와, 롭! 다치지 말고!

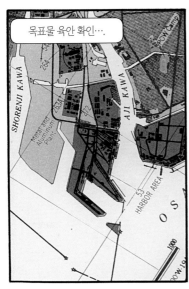

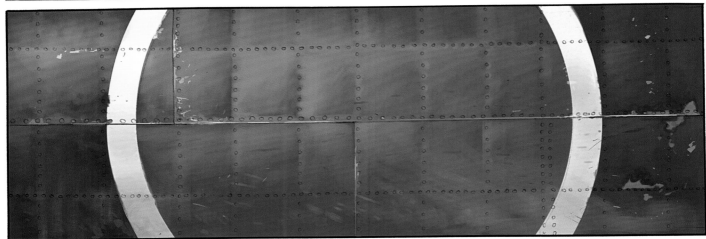

후미오! 연습 때처럼 내 옆에 바로 붙어!
정면에서 공격한다! 머리를 노려!
뱀을 잡으려면 머릴 잘라야 해!

반자이!!

이오지마 인근 해역

메이플 타워. 조세핀이다. 기체 확인. 편대 이탈한 B-29다. 무전 반응은 없다.

무선 항법을 사용하지 못하고 해안선을 따라 목측으로 복귀중인 듯하다.

기체 손상이 심하다 수직미익이 날아가고 4번 엔진은 멎었다. 착륙이 매우 어려울 것 같다…

'도쿄 클럽' … 그럴 수밖에! 친구들끼리 싸우고 나와선, 어떻게 집으로 돌아가는지는 모르니까!

메이플 타워다. 조세핀, 손상기를 1번 비행장 5번 활주로로 유도하라. 소방관과 앰뷸런스가 현장 대기 중이다.

마지막 전투기가 막 착륙했어…
아직 롭 소식은 없네…

3분 후면 연료가 완전히 바닥날 거야…

끝났어…

안젤라… 작전실에 가 봐.
파일럿들이 임무 보고 중이야.
어쩌면 정보를 더
알아낼 수 있을지도 몰라.

미안해. 롭은 무전에 응답하지 않은 파일럿 25명 중 한 명이야.
완전히 블랙 프라이데이야. 임무의 목적은 달성했지만,
날씨와 일본군 때문에 너무 많은 대원들을 잃었어.

난 롭을 봤어… 선두 그룹을 공격하던 '조지'*
한 대를 격추시켰지. 그런데 다른 조지에게 피격당한 거야.
기지 귀환 방향으로 해안가를 따라 이동하는 걸 봤어.
전투기 뒤로 흰 연기를 꼬리처럼 끌면서 말이야.
그게 내가 본 롭의 마지막 모습이야.

*일본 해군항공대의 카와니시 N1K1-J 시덴. 조지는 연합국 식별명이다. (역주)

88

뉴멕시코주의 사막지대, 로스 앨라모스

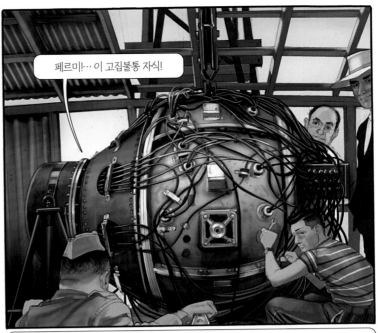

페르미!… 이 고집불통 자식!

정보국 소속 헌병들한테 세상 종말의 위기 운운한 게 도대체 무슨 얘기요?
… 다들 바지에 오줌 지려가며 무서워서 벌벌 떨고 있지 않소!

제가요? 허허! 별 말 아니고, 핵폭발로 지구 대기 전체가
연쇄 폭발을 일으킬 수도 있다고 했죠.

돌아버리겠네!. 지금 헌병 두 놈은 병가 내고 튀었고,
나머지 헌병들은 안전선을 10마일 더 뒤로 물리자고
요구하고 있단 말입니다!

걱정 마세요, 그로브스! 엔리코가 농담한 건데…
이미 계산했어요…. 위험은 아주 미미한 수준이에요!

잘들 노시는군요! 당신들 헛소리 때문에
뉴멕시코 주 정부가 계엄령을 선포하려 한단 말입니다!

내기하죠. 만약 제가 한 말이 맞으면
솔트레이크 시티의 치치 클럽에서
최고급 버번 위스키 한 잔씩 돌리기로!

좋아!

나도 하지!

빌어먹을 과학자들! 당신들은
이게 얼마나 중요한지 모르는 거요?
시간이 없단 말이오! 지금 트루먼
대통령이 스탈린, 처칠과 함께
포츠담에 머물며 이 테스트의 결과를
애타게 기다리고 계신단 말입니다!

*마틴 PBM 마리너 비행정. PBY 초계기의 후계기로, 수송, 해상구난 임무를 수행했다. (역주)

덕트를 34인치로 맞추고 경제순항하면 충분히⋯

어?!

반사 신호잖아!! 모르스 부호야!
저건⋯ 저건⋯

롭!

이 바보! 연료탱크였잖아!

어쩌면 내가 떨군
걸지도 몰라!

롭은 1000km는 더 떨어진 곳에서 실종됐어!
내 머리가 어떻게 된 거 아니야?

바보처럼 쓸데 없는 곳에 연료를 허비해
버렸으니, 곧 연료가 바닥날 거야!

메이플 타워, 조세핀이다. 섬을 육안으로
확인할 수 있다. 연료 부족으로 긴급 우선
착륙 허가를 요청한다.

메이플 타워, 여기는 조세핀. 활주로 접근 중이다… 메이플 타워? 응답하라!

아무도 없네… 뭘 하고 있는 거야?

오, 젠장!

바보같아! 엉뚱한 주파수로 교신을 하려고 했으니!

휴… 이번 일로 잔소리 꽤나 듣게 생겼네…

야, 이 미친 새끼야 눈은 장식으로
달고 다니는 거야, 뭐야?!

미… 미안해, 난…

타아로아 !!?!

안젤라!!

와히네…! 얼마나
보고싶었다고!

이제 벤투라*를 타는 거야? 이 녹색 문어는 또 뭐야?

야! 이건 카나로아**야! 이걸 봐.
이젠 그 무엇도 두렵지 않아.
이 기관총탑은 하와이 해신의
가호를 받고 있거든!

*록히드 벤투라. 미국 해군과 공군, 영국 공군이 사용한 폭격기   **하와이 신화의 4대 주신 중 하나. 오징어나 문어를 상징으로 하는 해신이다. (역주)

이 쪽은 아이작, 우리 조종사야! 그리고 이건 용감한 '데블피쉬 P-바이에이터'***야크지.
해군 만능 파일럿의 상징 같은 거야. 다리 하나하나가 우리 임무를 뜻하지. 폭격, 정찰, 초계 등등.

이제… 우리의 만남과 충돌 사고를 간신히
피한 걸 축하하기 위해 한 잔 하러 가자!

***VPB-150 폭격초계비행대의 상징이다. PV-1 운용부대이며, 문어에서 따온 마크와 기체도색으로 유명하다 (역주)

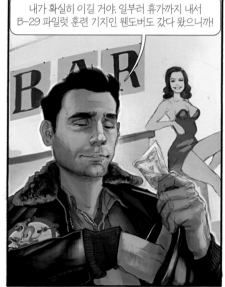

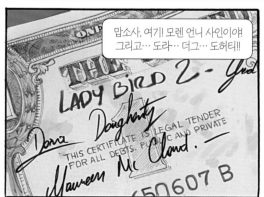

* Redneck, 미국 남부 농촌 지역의 저학력, 저소득 백인 농민이나 극우파를 지칭하는 멸칭, 고집불통이라는 의미로도 쓰인다. (역주)
** 육군항공대 제509혼성비행단 320수송비행대. 웬도버에 주둔하며 핵무기 개발과 관련된 인력과 물자를 수송기로 수송했다.
*** 더글러스 DC-4 스카이마스터, 제320수송비행대의 주력 수송기였다.

야, 시나트라… 내가 널 시나트라라고 불러도 괜찮지?
… 너와 난, 남자끼리 서로 통하는 게 있잖아!

그 작은 부리와 아름다운 깃털을 보니 암컷들에게 인기가
많을 거 같네! 네가 나타나면 암컷 새들이 모두 자빠지겠지!

내 머리 속을 계속 맴도는 질문이 있는데 말이야, 시나트라…
너희들 군함조 말이야… 암컷 새들도 인간 여자들처럼 그렇게 복잡하니?

난 안젤라를 사랑해, 안젤라도 날 사랑하고…
우린 서로 사랑하지…. 그런데 왜 우리 사이에
그 빌어먹을 시체가 있어야 하냔 말이야?

너 알아, 프랭키? 어쩌면 내가, 나 역시 죽고 나면… 그녀를
사랑한 유일한 사람이 나라는 걸 안젤라가 알게 될지도 몰라!

어쨌든, 난 곧 죽게 되겠지… 하하하!

아무 말도 안 하는 거야, 프랭키?
동의한다는 뜻이지…! 너 맘에 든다, 친구!
… 너도 절망한 거지, 나처럼!

아! 여자들이란!… 여자 얘기를 하는 걸로 벌써
목이 마르네!… 넌 안 그래, 친구?

우리 비행대에 있는 바에 널 초대할게!
보면 알겠지만, 거기엔 진짜 제빙기도 있어!

야, 시나트라! 너 어디 가?… 화났어?! 돌아와!
비겁한 자식!… 시팔! 그래, 가서 병신같은
암컷들하고 꾸르룩거리기나 해라, 이 개자식아!

야! 우… 움직여!
아직 살아 있어!

이봐! 괜찮아?
거기서 꺼내 줄게, 친구!

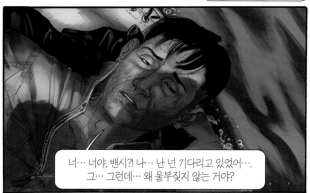

너… 너야, 밴시?! 나… 난 넌 기다리고 있었어…
그… 그런데… 왜 울부짖지 않는 거야?

불쌍한 친구! 일사병에 심하게 걸렸나 봐!

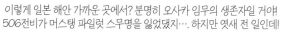

이렇게 일본 해안 가까운 곳에서? 분명히 오사카 임무의 생존자일 거야
506전비가 머스탱 파일럿 스무명을 잃었댔지… 하지만 엿새 전 일인데!

"블랙 프라이데이"의 생존자입니다!
굉장히 운이 좋은 놈이군요!

엄청난 수호천사가 붙었나 본데!

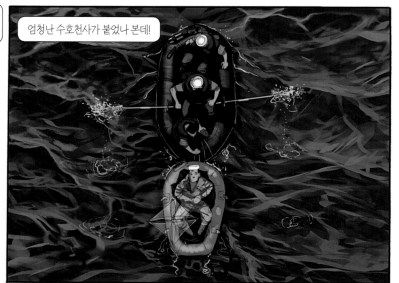

이륙 전 체크 리스트 확인 완료,
모두 준비하고…

잠깐만, 아이작!! 누가
우릴 향해 달려오고 있어!!

날 좀 기다려 줘! 나도 같이 갈게!
'미키' 무어 장군의 임무를 받았어.
티니안에 가야 한다구!!

1분만 늦었어도 우린
벌써 떠났을 거야, 와히네!
어서 올라타!!

행운을 빈다, 조세핀!

97

1945년 7월 16일, 05시29분.
뉴멕시코

일··· 일본 놈들이야! 우릴 공격하고 있어!

진정해요, 후안!
군인들이 또 폭탄을
터뜨리는 거겠죠!

세상에!

다 지옥에나 가라고 해! 누가 됐건
내 윈체스터로 바람구멍을 내 줄 테니!

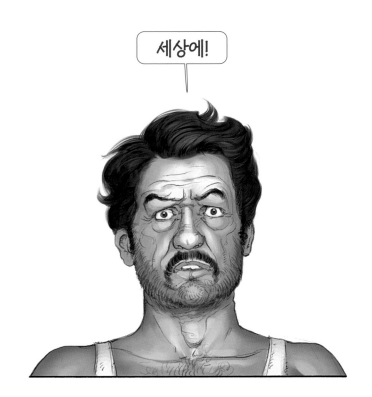

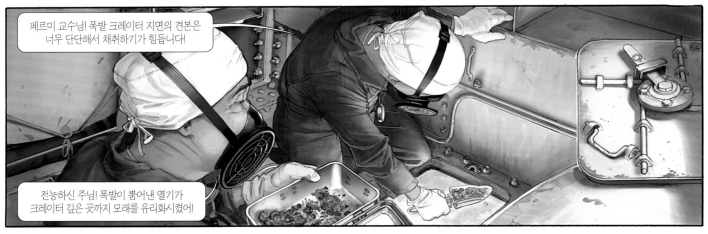

페르미 교수님! 폭발 크레이터 지면의 견본은 너무 단단해서 채취하기가 힘듭니다!

전능하신 주님! 폭발이 뿜어낸 열기가 크레이터 깊은 곳까지 모래를 유리화시켰어!

가이거 계수가 미친 듯 올라갑니다! 이제 가야 해요, 교수님. 곧 노출량이 10뢴트겐을 넘길 겁니다. 너무 위험해요!

좋아. 그로브스 장군에게 다시 무전 통신을 하게. 포츠담의 트루먼 대통령에게 트리니티 실험이 성공했다고 보고해도 된다고!

우리가 위대한 신 K의 봉인을 해제했어!

6장
아토믹

아무도 모른다네

비밀스레 하늘로 날아들지만
어디로 가는지는 아무도 모른다네
내일이면 다시 돌아오겠지만
어딜 다녀왔는지는 알 수 없다네
척이라도 질 게 아니라면
전과가 어땠는지는 묻지 않는 게 도리지
전황을 아는 사람에게 확인해 보면
그런데도 509비행단은 승리하는 중이지

다른 비행단은 출격을 준비하지만
우리는 빌어먹을 큰 그림이 있다지
홀시 제독이 일본 해안을 폭격하지만
이런 젠장, 우린 왜 전날에야 들은 거지?
맥아더와 둘리틀은 잘나가는데
우린 낄 기회조차도 없었네
509 비행단은 승리를 위해
한 달도 넘게 집을 봐야 한다네

1945년 티니안 기지에서 유행하던 풍자시.
전투에 한 번도 나가지 않고 "숨어 있기만 하던" 폴 티비츠 대령의 부대를 비웃고 있다.

보잉 B-29 슈퍼포트리스
BOEING - B-29 SUPERFORTRESS

엔진	라이트 R-3350-23 또는 23A x 4발	전폭	43.1 m
출력	2,200마력	전장	30.2 m
수평최고속도	574 km/h	승무원	11명: 기장, 부기장, 항공기관사, 폭격수, 항법사, 무선통신사, 전탐사, 기총 사수x4
최대상승고도	10,200 m		
항속거리	2,615 km		
자체중량	33,800 kg	자체 무장	브라우닝 M2 12.7 mm 중기관총 12문
최대이륙중량	60,560 kg	외부무장	최대 9,000kg의 자유낙하폭탄

마이애미 경찰입니다.
면허증 좀 보여주시겠습니까?

1944년 6월
마이애미 사우스비치 롤리 호텔

···더 놀라웠던 게 뭔지 아십니까?
그 개새끼는 30대였고, 여자는 미성년자였답니다!

···그리고요?

그리고요?··· 목 마르지 않으십니까?
그 달콤한 칵테일 이름이 뭐였더라?

여기 그래스호퍼
한 잔 더 부탁하네.

계속하죠···

그리고는··· 아무 일도 없었습니다! 그 개새끼의 애비가
판사와 아는 사이라서 사건을 덮어 버렸죠!
그래도 미성년자였는데···. 구역질이 치밀어 오르네요.

하지만 전 그때
작성했던 보고서를
계속 간직해 왔죠!

기자 양반들께 제가 가진
증거를 모두 드리겠습니다.
기사화해 주세요!

"코흐"께서 만족하시겠구만!

이번에야말로 "실버플레이트"에
접근할 좋은 방법을 찾은 거야.

마리아나 제도, 티니안 섬

스쿼드 그린, 9B 활주로에 착륙을 허가한다

스쿼드 그린, C번 유도로를 통해 오른편 주기장으로.

그린 호넷 소속 비행기들 말이요? 저쪽 주기장으로 가 보쇼.

내 패는 "킹콩"이야…! 이번엔 내가 땄구만, 도라!

털북숭이 원 페어 따위는 꺼져, 글렌! 난 풀 하우스에 잭 원 페어라구!

어이쿠야?! 또 내가 진 거야? 이런 염병… 이런 게 어딨어. 아주 그냥 끗발이 용틀임을 하네.

닥쳐, 글렌! 그러니까 하수는 고수하고 붙으면 안 되는 거라고

WASP 43-3의 도라 도허티 맞나요?

이런 세상에! '피피넬라'잖아! 다 없어진 줄 알았는데!

따라와! 티니안 태번에서 잭 다니엘 한 잔 쏠 테니까.

이야! WASP 시절이 대체 언제 얘기야… 전생에 겪었던 일이 아니었나 싶어지곤 하지.

그래도 이 더위를 생각하면 어벤저 필드에 있던 낡은 수영장이 그립구만!

그래 이쁜이, 여긴 뭐 하러 왔니?

WASP대원 중 한 명의 미심쩍은 죽음에 대해 조사 중이예요. 아마 아실 거예요.

제 언니… 모렌 맥클라우드요!

?!!

모렌이라고!?… 염병할!…

미안해! 난 할 말이 없어. 자, 그럼 난 일이 있어서. 다음에 봐!

도라! 잠깐만요! 전….

107

112비행단과 시 비즈에게 갈 스카치 세 상자···
그리고 135비행단으로 갈 세 상자··· 모두 맞아!

오케이! 이제 약속 지키는 거야, 친구!
아이스크림 기계랑 위스키 여섯 상자 맞바꾸는 거다?

걱정 마셔! 건방진 CIC 샌님들의 설교를 들으러 갔다가
끝내주는 놈을 봐 놨거든!

놈들이 한눈만 팔면 돼.
내일모레면 가져올 수 있지!

어허! 표정을 보아하니
도라 도허티랑 얘기가 잘 안 풀렸군!

언제 돗자리라도 깐 거야?
뭐, 호놀룰루로 돌아가는 수밖에
없을 것 같아···.

도라 얘기야? 원래 초면인 사람한테는 무뚝뚝한 편이야, 아가씨.
하지만 자기만의 공간에 있을 때는 훨씬 부드러워지지···.

또 너야?!

전 단지 제 언니가 왜 죽었는지를
알고 싶을 뿐이예요!
그게 무슨 이유였든 상관없어요!

할 얘기 없어. 날 그냥 놔 둬!

제발 부탁이예요!
진실을 말해 주세요. WASP끼리잖아요….

제 언니였다구요….
저도 알 권리가 있잖아요!

…알았어! 올라와….

네가 원한 거다!

그 다음에요?

그 다음?··· 우린 화물을 운송했어. C-54 수송기의 콕핏에 갇힌 채로···

도라!

출발 준비 해야지. 오늘 밤 도쿄로 가는 대규모 공습이 잡혀 있잖아. 활주로 밀리기 전에 출발하자!

어? 아직 제 언니가 살해된 이유는 말씀해 주지 않으셨잖아요···.

그게 다야 이젠 정말 더 이상 할 얘기 없어! 이제 그만! 잘 가!

그날 밤···

112

더러운 쪽바리들! 다 그 놈들 때문이야!

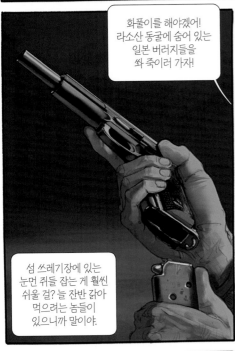

화풀이를 해야겠어!
라소산 동굴에 숨어 있는
일본 버러지들을
쏴 죽이러 가자!

섬 쓰레기장에 있는
눈먼 쥐들 잡는 게 훨씬
쉬울 걸? 늘 잔밥 갉아
먹으려는 놈들이
있으니까 말이야.

아가리 좀 닥쳐, 빌! 그리고 총 집어 넣어.
전사한 전우들에게 경의를 갖춰야지!

그냥 가서 자자!
내일 일본 공습 임무가 있으니까!

흥분을 가라앉힐 아주 좋은 생각이 있어!

저기 외인 출입 금지 구역에 편안하게 숨어 있는
509비행단 말이야…. 단 한 번도 일본 공습 임무를
나간 적도 없는 주제에 보급품은 제일 먼저 가져가는
놈들! 놈들 막사에 일본군 폭탄 터지는 소리가
뭔지 보여주자!

!!?

또야?... 이 개 자식들 또 시작이네!
이번엔 가만두지 않겠어!

흥분하지 마, 클로드! 쟤들은 이틀에 한 번 목숨을 걸고 일본 공습을 나가고 있어!
이런 장난으로 기분이라도 풀어야겠지!

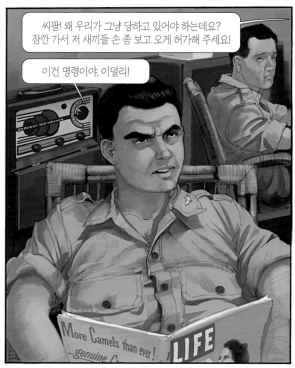

씨팔! 왜 우리가 그냥 당하고 있어야 하는데요?
잠깐 가서 저 새끼들 손 좀 보고 오게 허가해 주세요!

이건 명령이야, 이덜리!

그냥 카드 게임이나 해. 녀석들도 지겨워지던지,
던질 만한 돌이 떨어지던지 할 테니까 말이야.

116

117

꼬리날개에 그려넣은 커다란 검은색 R 이니셜 때문에 금방 눈에 띄겠지요?

망할! 어떻게 저주받은 노란 버러지 년이 저걸 아는 거지?

저 검은 이니셜을 우리 B-29에 그려 넣은 게 얼마 되지도 않았잖아!

말도 마! 아직 페인트도 안 말랐어!

티비츠에게 접근할 방법이 생각났어. 혹시 펜 있어?

이봐요, 멋쟁이들!… 이 지폐에 사인해 줄 사람? 내가 사랑하는 파일럿의 쇼트 스노터에 추가해 주려고 그러는데!

가까이 오지 마시오, 미스!

괜찮아, 친구. 여잘 이리 보내….

자네 남자친구 물건이 길어지게 하는 거라면 내가 좀 도와주지!

하하하!

호호호!

대령님 사인만 받으면 되겠네요!

그녀가 매우 기뻐할 거예요!!

그녀? 파일럿에게 줄 거라면서?

그녀도 파일럿이죠… 아니, 파일럿이었죠! 대령님이 잘 알던 사람이구요.

바로 모렌 맥클라우드…

장난은 그만 두지, 미스! 내게 원하는 게 뭐요?

왜 내 언니 모렌이 재판도 없이 OSS에 의해 제거됐는지 알고 싶어요…. 무슨 일이 있었던 거죠?

그에 대해 해 줄 말은 없어! 그만두지 않으면 당신을 체포시킬 수도 있소!

안타까운 일이네요! 어떤 기혼 대령이 자신의 젊은 애인에게 보내던 불같은 연애편지를 보도하고 싶어하는 신문사를 잘 알고 있거든요….

그러면 아마 대령님의 군 경력에 큰 흠집이 생기겠죠!

미친 년! 미군 대령을 협박하겠다는 거야?! 지금 당장 총살대에 오르고 싶어서 그래?

모렌 언니는 죽었다구요. 그것도 내 눈 앞에서 스캔들을 덮기 위해. 그리고 대령님의 결혼 생활과 평판을 구하기 위해. 누군가 미리 손을 봐 둔 기체의 조종석에 갇힌 채, 산 채로 불타 죽었어요! … 그러니, 대령님, 내게 도덕군자인 척 하지 말아요!

좋아… 할 수 없군… 그 사건에 대해 이야기해 주지!

도대체!… 자넨 아무것도 모르고 있군! 그건 단순한 외도나 군 경력 문제가 아니었어! 그보다 더 심각한 문제였지!

우리 국가의 안보, 그리고 수백 만 미국인의 목숨과 결부된 문제였다구!

119

1944년, 겨울. 웬도버 비밀 기지 부근. 솔트레이크 시티.

우리는 같은 생각을 하는 것 같네요.
티비츠 대령님…

B-29 모델이 없어서 아쉬워요….
B-17보다 훨씬 멋질 텐데!

하하! 맞는 말씀입니다!… 그런데…
우리가 서로 만난 적이 있나요, 미스?

마이애미 비치, 서프사이드였죠.
10년쯤 전이었네요. 흰색 건보드를
경쾌한 자세로 타고 계셨죠.

맞아요! 당시 플로리다에서
제가 파도를 좀 타긴 했죠!

…네. 그리고 당신은 예쁜 여자도 좋아했죠.
로드스터 좌석에 앉은 예쁜 여자애들에게
장난치는 것도 좋아했고요. 폴.
그리고 걔들은 미성년자였죠?

마.. 마조리… 다… 당신이야?

벌써 오래 전 얘기에요, 폴… 자기는 그 뒤로
엄청난 경력을 쌓았던데요? 509 폭격비행단장에
실버플레이트 작전 지휘관이라니!

하지만… 당신의 아내 루시와 두 아들 지니, 폴 주니어는 당신이 스포츠카 안에서 벌이던 흥미로운 곡예에 대해 알게 되면 별로 좋아하지 않겠죠…?

?!… 협박하는 거야?! 개같은 더러운 년! 당장 꺼져!

좋아요, 대령. 나한테 그런 투로 말한다면 여기서 그만두죠….

하지만 내일, 10년 전에 이상한 짓을 하던 당신을 발견했던 경찰과 내가 우안나 소령의 사무실을 방문할 거예요! 그러면 제509비행단 단장 경력은 바로 포기해야 하겠죠….

가족과도 이별하게 될 거구요!

뭐… 뭘 바라는 거지?

아주 간단해요…. 날 고용한 사람은 그린 호넷 소속 C-54들이 몇 시에 어떤 경로로 웬도버-커틀랜드-로스 알라모스 구간을 운항하는지 정확한 정보를 알고 싶을 뿐이에요.

그리고 가제트 F-31*, 튜브 엘로이스**, U239 코어나 U-235 타겟 디스크에 대한 추가 정보를 알려주면 엄청난 보상도 받을 수 있을 거예요!

뭐라고?!

* 실전투입 전, 개발단계에서 사용되던 핵무기의 코드명 ** 2차대전 중 시작되어 1950년대 초까지 진행된 영국 육군의 핵무기 개발계획. 맨해튼 계획과 연동되었다.

잘 들어, 이 더러운 빨갱이 버러지 년아. 절대, 절대 안 돼! 지금 내게 콜트 권총이 있었다면 여기서 당장 쏴죽였을 거다! 지옥에나 가 버려!

원하는 대로 해 주죠! 자기에겐 안된 일이지만!

군인으로서 그리고 애국자로서의 길을 선택했지!
…바로 우안나 소령에게 협박당한 사실을 알리고, 전역을 요청했소!

다, 다음엔 어떻게 됐죠?

하지만 우안나는 군인이었고, 이 전쟁을 최대한 빨리 종결하는 데 이 임무가 얼마나 중요한지 알고 있었지. 그래서 작전을 수 개월 이상 지연시키지 않는 한 나를 다른 사람으로 대체하기가 불가능하다는 결론을 내리고… 사건을 덮기로 했던 거요!

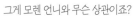

그게 모렌 언니와 무슨 상관이죠?

몇 주 후, 웬도버-로스 알라모스에서 제320수송비행단 소속 C-54 스카이마스터 한 대가 사막에 비상착륙하는 일이 있었소. 도라 도허티와 당신의 언니 모렌 맥클라우드가 조종했지!

우안나 소령의 조사 후 모렌은 전역 조치됐고…
그 다음은 나도 더 이상 모르오!

그 말을 믿지 못하겠군요! 이 편지들은 우안나 소령의 공식적인 금지 명령에도 불구하고 대령님이 언니와 계속 연락을 주고받았다는 증거죠!

제겐 대령님이 보낸 편지밖에 없지만, 분명 언니도 그 사고의 정황에 대해 대령님께 설명하는 편지를 썼을 거예요!

안젤라! 맹세코 그건 사실이 아니오!

이제, 그 편지를 어떻게 할 거요? 당신이 들고 있는 건 내 경력을 끝내는 것은 물론이고, 당신이 감당할 수 없는, 전 세계의 판도를 바꿀 중요한 결과를 야기할 물건이란 말이오!

걱정 마세요, 대령님!

이제 대령님은 전쟁을 빨리 마무리짓고, 미군의 일본 본토 상륙으로 인해 희생될 수많은 사람들의 목숨을 구하는 임무만 수행해 내시면 돼요!

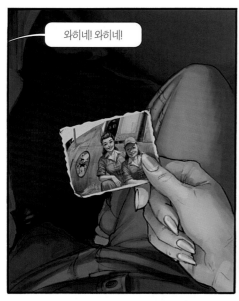

와히네! 와히네!

와히네!… 한참 찾았어!

타아로아?

안젤라! 제발 부탁이야! 내 목숨 좀 구해 줘!
지금 비행기 좀 몰 수 있겠어?

장난해? 조그만 L-4 그래스호퍼* 조종할
기회만 있어도 악마와 계약할 판인데!

그럼 빨리 그 무거운 엉덩이 움직여, 빨리! 이오지마로 30분 후
출발해야 하는데, 조종사인 아이작은… 음… 조종 불가 상태야!

해물 식중독이야? 말리리아?
아니면 성병이야?

* 파이퍼 J-3 컵의 군용 파생형. 비행훈련용으로 주로 사용되던 경비행기였으나, 성능을 인정받아 군용으로 개조된 후 주로 연락기 임무를 수행했다. (역주)

VPB 118 애들과 싸우다 체포됐어… 싸운 이유는…
〃

음… 별로 중요한 건 아니야! 여하간 지금 영창에 갇혀 있고,
난 빨리 이오지마에 가서 가져와야 할 게 있는데. 그게…

아무튼 임무를 취소할 수 없는 상황이야! 안 그러면 씨 비즈들이
내 피부를 산 채 벗겨내려 할 거야! 그러니 네가 아이작을 대신해 줘!

이… 이미 내 신분을 밝혔잖아… 난… 존 설리번 중위…
해병3사단 21대대 소속, 생년월일은 1922년 5월 25일…

우린 미군이 엄청난 위력을 가진
새로운 무기를 개발했다는 걸 이미 알고 있어!

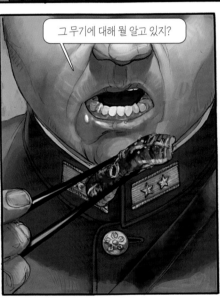

그 무기에 대해 뭘 알고 있지?

난… 존 설리번 중위…. 해병3사단 21…

개자식아! 뺀질거리지 말고, 소장님의 질문에 대답해!

거짓말해 봐야 소용 없어! 네놈이 OSS 소속이라는 걸 이미 알고 있으니까!
여자 하나 때문에 네놈의 신분이 들통났지!

아, 그 여자는 바로 여기에 있어!

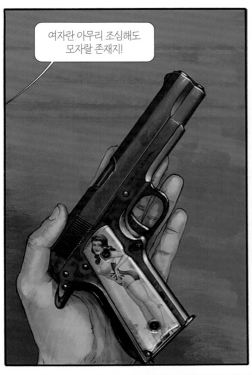

여자란 아무리 조심해도 모자랄 존재지!

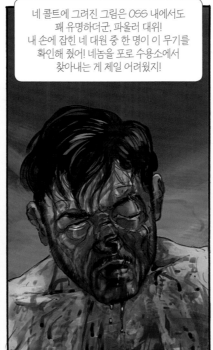

네 콜트에 그려진 그림은 OSS 내에서도 꽤 유명하더군, 파울러 대위! 내 손에 잡힌 네 대원 중 한 명이 이 무기를 확인해 줬어! 네놈을 포로 수용소에서 찾아내는 게 제일 어려웠지!

다시 물어보지! 티니안에 있는 B-29비행단이 태양 천 개보다 더 강력한 무기를 이용한 폭격 임무를 수행하기 위해 특별 훈련을 받고 있다는 걸 알고 있다!

폭격 대상 지점이 어디냐?!

바로 도쿄다! 네놈들의 빌어먹을 덴노가 사는 궁전이야!

네놈들은 다 죽을 거야, 이 쓰레기 자식들아!

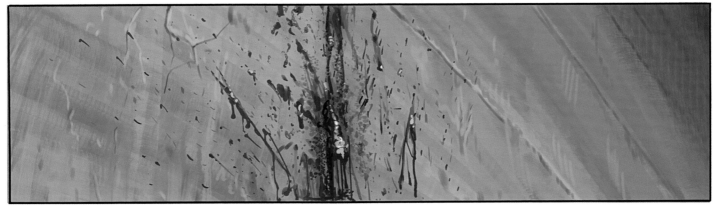

125

드디어…! 비행이야!

너 표정이 왜 그래, 타아로아!
하와이에 있는 가족에게 나쁜 소식이라도 있어?

내 가족은 괜찮아, 와히네! 그런데…

펠레*때문에 걱정하고 계시긴 하지!

펠레? 성격 괴팍한 할머니야?

펠레에 대해 농담하는 건
금물이야, 안젤라!

우리 할머니께서 크고 흰 개 한 마리가
킬라우에아 화산 기슭을 떠도는 걸 보셨대!

무서운 펠레는 화가 나면 하얀 개 형상으로 나타나지!
펠레 여신은 불과 천둥, 그리고 번개의 신이야…
일본군이 진주만을 공격했기 때문에 분노하고 계셔!
펠레 여신의 벼락이 일본군에게 떨어진다면
일본인들에겐 불행이 닥치게 되지!

픕! 그러면 여신이 히로히토가 정신 차리라고
한 대 제대로 패는 건데, 그게 무슨 문제야?!

* 폴리네시아~하와이 신화에 등장하는 화산의 여신. 불, 번개, 춤, 폭력 등을 상징한다. (역주)

휴우… 그게 그렇게 간단한
문제가 아니야, 와히네!

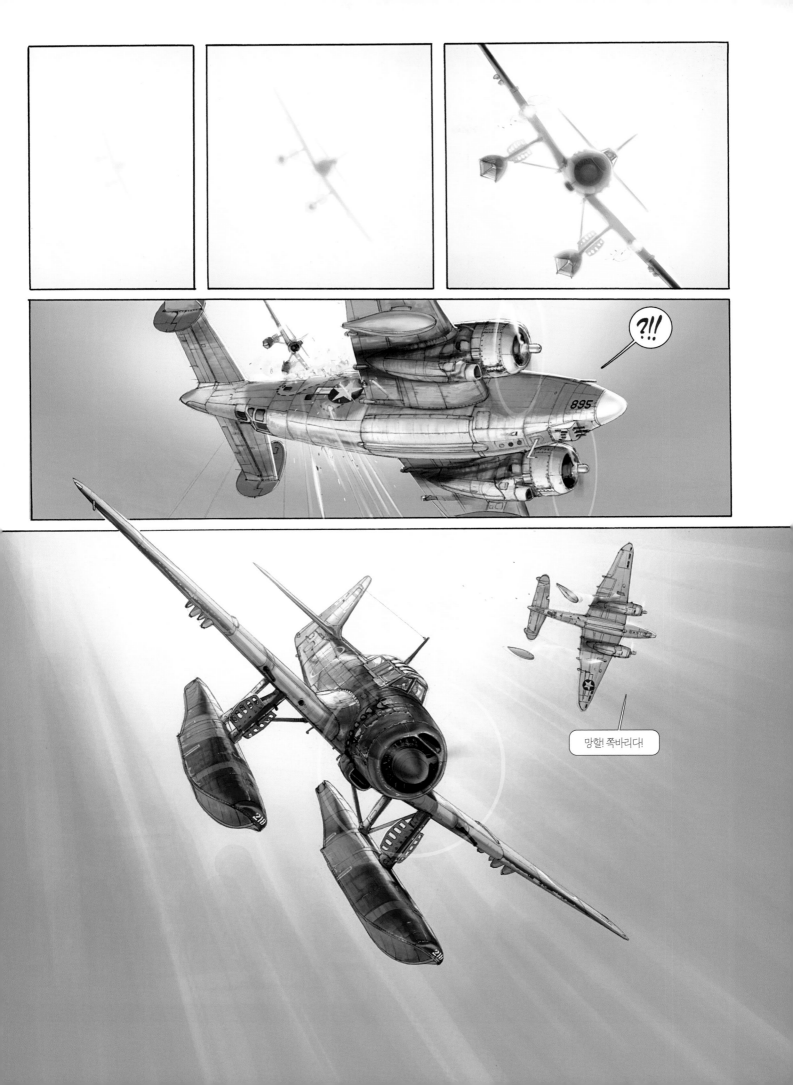

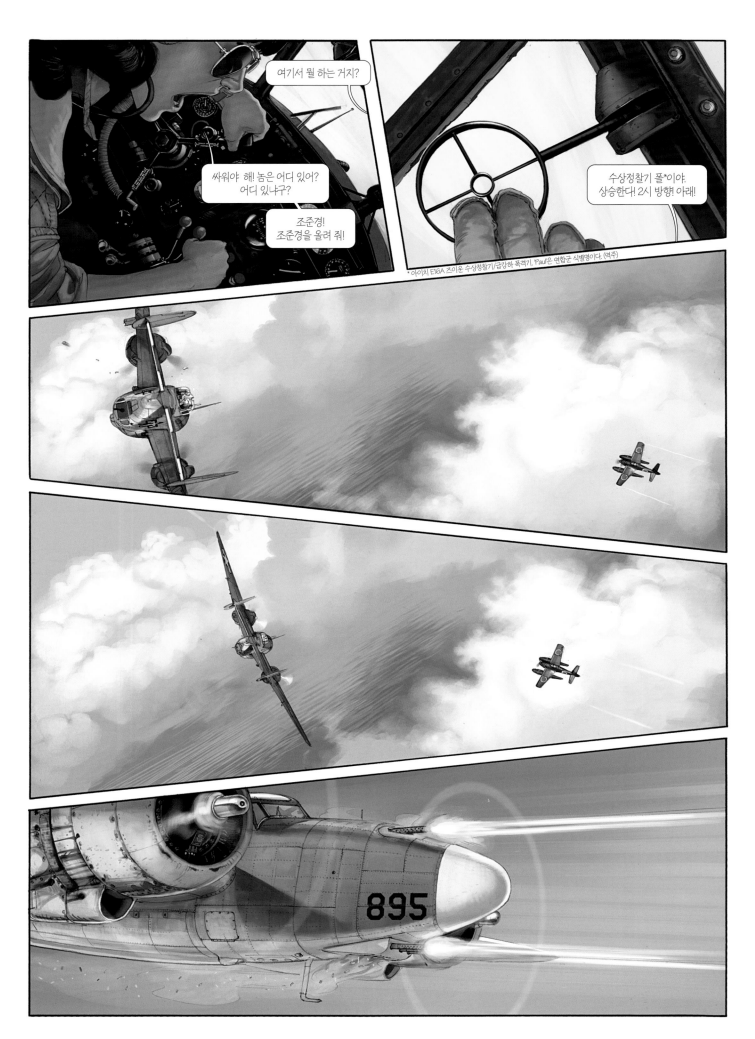

* 아이치 E16A 즈이운 수상정찰기/급강하 폭격기. 'Paul'은 연합군 식별명이다. (역주)

128

여… 연기가 나! 네가 잡았어!
네가 놈을 잡았다구, 와히네!

쫓아가진 말자. 여기서 얼른 벗어나야 해, 타아로아.
뒤에 가서 얼마나 피해를 입었는 지 확인해 줘!

오콜레 푸카*! 망했네!

제기랄! 별로 안 좋아!
월리처 주크박스가 박살났어.
씨 비즈들이 이걸 보면… 난 죽었어!

* Okole puka. 하와이 어로 '계갈', '망할'이라는 뜻의 욕설 (역주)

129

마이애미 북쪽, 서프사이드 비치

♪ If a woman calls a man honey
And it's on account of his money
Honey & money will soon be gone
Take it away, take it away, take it away* ♫

♪ Money is the root of all evil Money is the root of all evil
Won't contaminate myself with it
Take it away, take it away, take it away ♫

* 앤드류스 시스터즈의 Money (Is The Root Of All Evil) (역주)

저기, 차 보이나?
저거 분명히 11/54**야…
의심 차량 발견했다고 보고해!

푸흐흐…그냥 586***일걸?
겨우 불법 주차 잡겠다고
앤드류 시스터즈 노래를 끊을 거야?!

** '수상한 차량'을 지칭하는 경찰의 분류코드 *** '불법 주차'를 지칭하는 경찰의 분류 코드

라디오 끄고 본부에 차량을
수색하겠다고 보고해!…
어쩌면 503****일지도 몰라!

내가 뭐랬어? 자! 그냥 놔두고 가자!

네 말이 하나는 맞았어, 봅! 22/88이야!

도난 차량이라고? 참 나…
그냥 커플이잖아, 척!

22/88? 그런 코드는 없잖아!

있어! 더블 11/44*****라는
뜻이야. 치정 자살 말이야!

**** '도난 차량'을 지칭하는 경찰의 분류 코드   ***** '사망 사건'을 지칭하는 경찰의 분류 코드

* 뉴기니 일대에서 보급품을 수송하던 일본군의 소형 동력 바지선들의 미국 측 별명 (역주)

** ASM-N-2 'BAT' 미국 해군이 2차 세계대전 중 개발한 레이더 유도식 활공폭탄. 대함미사일의 시초 중 하나다.

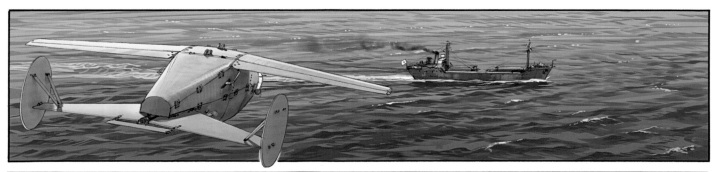

이상해! 왜 박쥐가 하나밖에 안 날아갔지?

제길! 오른쪽 폭탄은 떨어지지 않았으니 당연하죠!

이봐, 스모키! 이 빌어먹을 폭탄 활성화 장치, 끌 수 있지?

시도는 해 보겠습니다만, 이미 투하 장치가 가동된 상태기 때문에…

꼬마야. 좋은 말 할 때 제대로 해. 탈 없이 집에 돌아가고 싶으면…!

맥클라우드 양, 어서 타게!

첩보부대 소속인
윌리엄 우안나 소령이다.

귀관에 대한 정보를 수집했다. 미스 맥클라우드, 귀관이 실제로 OSS 소속임을 확인했으니,
귀관의 언니인 모렌에 관한 몇 가지 상세한 내용을 내가 직접 알려줄 수 있어…

하지만 조건이 있네. 얘기를 듣고 나면
즉시 티니안을 떠나는 거야. 동의하나?

제게 선택권이 있나요?

없네.

좋아… 이미 귀관도 알고 있겠지만, 귀관의 언니는
'민감한 장비를 운송하는 부서에 배치됐어…

웬도버와 실버플레이트 프로그램을 실행중인
여러 기지를 오가며 운송 임무를 수행했지

그 날, 모렌 맥클라우드와 도라 도허티는
일상적인 항로를 비행했어.

매 비행 때마다 그랬듯이
콕핏에 탑승한 후 볼트로
잠금 조치를 했지….
보안상의 조치였어.

그녀들이 운반한 건 극비로 분류된 문서들과
우라늄 235 타겟 디스크였어…

그냥 일상적인 비행이었어. 둘이 돌아가며 조종을 했고,
마침 도라 도허티가 졸고 있을 때…

그녀들이 몰던 스카이마스터에 갑작스럽게
원인 모를 '사고'가 발생한 거야!

모렌은 사막에 불시착을 감행했어! 착륙 충격으로 도라는
조종석 대시보드에 강하게 튕겨졌고, 바로 기절했지!

한참 후 구조대가 도착해서 두 사람을 꺼낼 때도, 도라는 여전히 의식을 잃은 상태였어…

문제는 C-54의 문이 강제로 개방되고, 일부 문서 박스가 분실되었다는 거야…
중요한 장치인 F-31과 관련된 문서였지…
미국에서 최고 수준으로 보호하고 있던 기밀이 담긴 문서야!

도라는 계속 의식 불명 상태였고,
모렌만 사고 경위에 대해 설명했어…

그녀의 설명에 따르면, 갑자기 연료 문제로
엔진 넷이 모두 고장났다는 거야.

그래서 사막 한가운데 기체를 불시착시키고,
조종석에 갇힌 채 구조대를 기다렸다는 거지!

모렌은 기체 뒤쪽에서 이상한 소리를
듣긴 했지만, 갇혀 있어서 볼 수도,
어떤 조치도 취할 수 없었다고 했어!

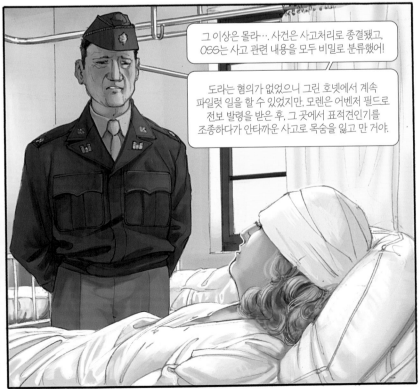

그 이상은 몰라… 사건은 사고처리로 종결됐고,
OSS는 사고 관련 내용을 모두 비밀로 분류했어!

도라는 혐의가 없었으니 그린 호넷에서 계속
파일럿 일을 할 수 있었지만, 모렌은 어벤저 필드로
전보 발령을 받은 후, 그 곳에서 표적견인기를
조종하다가 안타까운 사고로 목숨을 잃고 만 거야.

사고라구요?… 계획적인 처형이었겠죠!
모렌 언니는 무죄였어요!

OSS는 모렌이 취한 조치가 대단히 의심스럽다고 판단했어! 기술 점검을 해 보니 엔진에는 아무 문제
없었거든. 그렇다면 극비 장비가 실린 기체를 사막 한가운데 불시착시킬 이유가 뭐가 있었겠나?

경로가 사막 위였으니 그랬겠죠.
그럼 어디에 착륙을 시킬 수 있었겠어요?

헛소리! 사막은 광활한 곳이야!
어떻게 탈취범들이 정확하게
C-54가 착륙할 위치를
파악하고 있었겠냔 말이야!

* 컨실러데이티드 B-24 리버레이터. 4발 대형 폭격기로, 해군에서는 일부를 개조해 PB4Y-2 프라이버티어로 운용했다. (역주)

하지만… 말도 안 되는 소리에요. 모렌 언니가
대체 무슨 이유로 그런 짓을 해요?

아니! 그건 불가능해요! 모렌 언니가
그런 일을 했을 리 없어요!

내 말을 믿던 믿지 않던 강요하지 않겠어!
이제 내려! 그리고 가서 짐을 싸. 오키나와로
데려다 줄 리버레이터*가 기다릴 거야!

오키나와요?
제가 오키나와에 뭘 하러 가죠?

복수지! 티비츠가 그녀의 마음에 상처를 입히고,
지휘관으로서 그녀에게 하급 파일럿에게나
부여될 임무를 줘서 명예를 더럽혔으니까.
그녀는 자신을 망친 애인의 명성에 먹칠을 하기
위해 조국을 배신하는 일을 받아들인 거야!

OSS의 전선부대가 거기에 있어! 가 보면
임무를 부여해 줄 거야. 이건 명령이야!

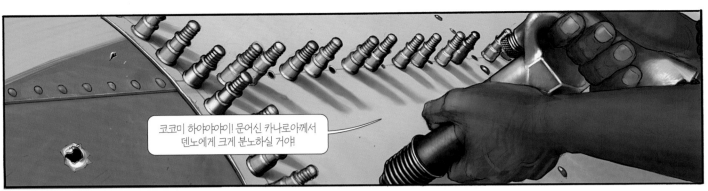

코코미 하야야야이! 문어신 카나로아께서 덴노에게 크게 분노하실 거야!

그 분의 친구인 상어의 여신 카아후파하우께서도 화를 내실 거고! 레몬 빛깔 얼굴을 한 놈들에게 커다란 문제가 생길 거야!

정말 하와이의 문어 신이 다리 여덟 개로 히로히토의 볼기를 때려 주신다면, 엉클 샘도 불평하지 않을 걸!

비웃지 마, 와히네! 일본놈들은 정말 후회하게 될 거야. 분명해! 하와이의 신께서 정말 화를 내시면 인간들은 말도 못하게 큰 피해를 입게 될 거야… 일본놈들뿐만 아니라 다른 사람들까지도!

너한테 작별인사 하러 왔어, 타아로아… 난 당장 티니안을 떠나야 해!

우아 카우마하 아우! 내 심장이 피를 흘려, 안젤라! 이 섬에 찾으러 왔던 대답은 찾은 거야?

응… 그런 셈이야… 이젠 후련해!

잘됐네! 이건 작별 선물이야! 이건 '펠레 여신의 눈물' 팔찌야. 우리 하와이 사람은 각자 완벽한 빛의 그릇과 함께 태어나지. 하지만 걱정거리가 생길 때마다 우린 돌을 그 그릇에 담아 둬. 돌이 쌓일수록 우리 마음속 빛은 점점 어두워지는 거야…

이 팔찌는 킬라우에아 화산의 흑요석으로 만들었어. 벼락, 천둥 그리고 번개로부터 널 보호해 줄 거야! 포에 마이 카이! 행운을 빌어, 와히네!

포에 마이 카이, 타아로아! 보고 싶을 거야.

이봐, 안젤라! 그 예쁜 엉덩이 여기 실어. 태워다 줄게!

고마워요, 도라. 이런 친절을…

헛소리 집어치워, 허니!

우안나 소령이 널 리버레이터까지 데려다 주라고 명령했어. 네가 정말 여기를 떠나는지 확인하려는 거야!

멋지네요….

불평하지 마! 헌병들에게 네 손목에 수갑을 채워서 끌고 가라고 할까 말까 주저하는 빛이 역력했으니까…

어! 저 트럭들은 다 뭐지?

소방관들이에요! 비상착륙을 하려는 모양이네요!

저기 오네요! 프라이버티어인데, 아직 날개에 배트가 달려 있어요!

좋아. 모두 물러서. 폭발할 거야!

사람이야! 연기 속에서 움직이는 사람이 보였어!

간호병들은 물러서! 히스테리 부리지 말고!

저리 비켜, 이 병신아!

도라! 안돼요! 기다려요!

도라, 전 새벽에 떠나야 해요!
꼭 하고 싶은 말이….

쓸데없는 말은 집어치워!
우리 둘은 같이 떠나게 될 거야!

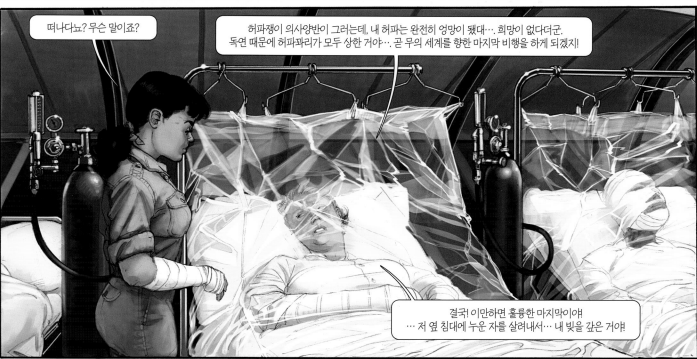

떠나다뇨? 무슨 말이죠?

허파쟁이 의사양반이 그러는데, 내 허파는 완전히 엉망이 됐대…. 희망이 없다더군.
독연 때문에 허파꽈리가 모두 상한 거야…. 곧 무의 세계를 향한 마지막 비행을 하게 되겠지!

결국! 이만하면 훌륭한 마지막이야!
… 저 옆 침대에 누운 자를 살려내서… 내 빚을 갚은 거야!

무슨 말이죠? 무슨 빚이요?

널 잘못 판단했어….용기 있는 여자야, 넌!
모렌이 죽게 된 이유를, 진실을 이야기해 줄게.
넌 충분히 알 만한 자격이 있어!

내가 거짓말을 했어!
반역자는 바로 나야!

141

뭐라고요?!

몇 개월 전, 본토에 휴가 갔을 때, 한 여자가 솔트레이크 시티의 한 바에서 내게 접근했어···. 모렌과 내가 몰던 웬도버-로스 알라모스 왕복 그린 호넷 소속 C-54의 정확한 운항 정보를 제공하는 대가로 엄청난 돈을 제안해 왔지.

당연히 난 거절했어!

··· 그리고, 고민했지··· 티비츠, 그리고 모렌에게 복수할 기회였거든!

복수라뇨? 왜··· 왜죠?

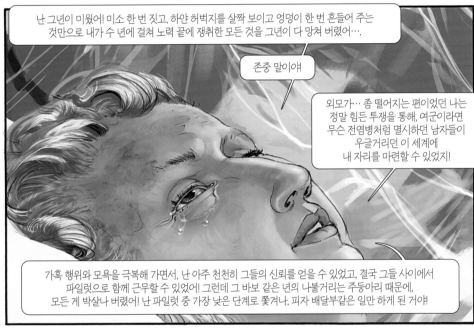

난 그년이 미웠어! 미소 한 번 짓고, 하얀 허벅지를 살짝 보이고 엉덩이 한 번 흔들어 주는 것만으로 내가 수 년에 걸쳐 노력 끝에 쟁취한 모든 것을 그년이 다 망쳐 버렸어···.

존중 말이야

외모가··· 좀 떨어지는 편이었던 나는 정말 힘든 투쟁을 통해, 여군이라면 무슨 전염병처럼 멸시하던 남자들이 우글거리던 이 세계에 내 자리를 마련할 수 있었지!

가혹 행위와 모욕을 극복해 가면서, 난 아주 천천히 그들의 신뢰를 얻을 수 있었고, 결국 그들 사이에서 파일럿으로 함께 근무할 수 있었어! 그런데 그 바보 같은 년의 나불거리는 주둥아리 때문에, 모든 게 박살나 버렸어! 난 파일럿 중 가장 낮은 단계로 쫓겨나, 피자 배달부같은 일만 하게 된 거야!

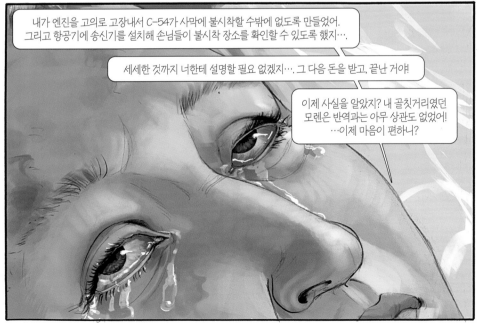

내가 엔진을 고의로 고장내서 C-54가 사막에 불시착할 수밖에 없도록 만들었어. 그리고 항공기에 송신기를 설치해 손님들이 불시착 장소를 확인할 수 있도록 했지···.

세세한 것까지 너한테 설명할 필요 없겠지···. 그 다음 돈을 받고, 끝난 거야!

이제 사실을 알았지? 내 골칫거리였던 모렌은 반역과는 아무 상관도 없었어! ···이제 마음이 편하니?

142

어떻게… 모렌이 자신이 저지르지도 않은 범죄 때문에 처벌을 받도록 그냥 내버려 둘 수 있었죠? 역겹군요!

그렇게 비극으로 끝날 거라곤 전혀 예상하지 못했어…. 네가 날 어떻게 생각하든 난 상관하지 않아, 미스! 과거는 과거일 뿐…. 이제 내가 편안하게 죽게 그냥 가 줘!

난 이제 저 세상에 올라가 진실의 재판을 받겠지! 신은 주사위를 던지지 않는다고 했던가…. 하지만 만일 신이 내 영혼과 포커 게임을 해 주기만 한다면, 아마 난 조커 포 카드를 손에 쥐고 말 거야! 하하!

당신의 냉소주의는 구역질이 나요! 잘 있어요!

왜 거짓말을 했지? 의사가 죽는다는 말을 하지 않았잖아! 연기 흡입 증세가 그리 심하지 않다고 했어.

웬 참견이야?! 안젤라는 우아한 여자야… 편안한 마음으로 떠나게 하는 게 나아!

…아무튼 넌 국가를 배신한 더러운 창녀야.

아직 남아 있는 얼굴마저 박살내 줄까, 자식아? 내가 죽는 한이 있어도 그건 아니야! 물론 그 창녀가 내게 접근해 온 건 사실이지만, 난 끝까지 거절했어!

?! 그러면…반역자는 저 여자의 언니 모렌인 거야?

정황상 그런 것 같아. 하지만 내가 그에 대해 아무것도 모른다는 게 더 비극이야…. 정말 아무것도 모르거든!

네, 대령님. 오키나와로 갑니다.

미스 맥클라우드?

네?

?! 티비츠 대령님!

영웅적인 행동을 꼭 격려해 주고 싶었다!
정말 용기가 대단해, 미스 맥클라우드…!

아, 그리고 편지들을 공개하지 않은 점, 다시 한번 고맙네….
오늘… 아주 위험한 임무를 수행해야 하기 때문에…
꼭 모든 걸 다 털어 버리고 싶었네!

이건 작별 선물이야. 읽어 보게.

LOVERS COMMIT SUICIDE

Police made a macabre discovery last Tuesday, when they found two dead bodies in a ford sedan, parked alongside Surfside Beach, FL. Bodies were later identified: Marjorie Pelazza from Boynton Beach and Greg Eastman, a former officer of the Miami motorcycle Police, now retired.

치정에 의한 자살?

마조리? 이 여자가 바로 그…?

그래… 첩보 부대에 의해
종결 사건으로 처리된 거야.

내가 준 편지는 나중에 비행하면서 읽게….
그러면 내가 거짓말하지 않았음을 믿을 걸세.

144

… 난 정말 군대가 싫어요. 그리고 우릴 갈라 놓은 냉정한 상명하복 체계도 싫구요. 우리 둘이 만나고, 또 당신의 사랑을 얻게 된 게 이 전쟁 덕분이긴 하지만, 결국에는 이렇게 처절하게 다시 앗아가기 위함이었군요…. 오… 내 사랑 폴….

말도 안 되는 이 도살극이 어떻게든 끝나길 바래요….

당신이 아무 답변을 주지 않는 건, 아마 '소령'이 당신의 편지를 모두 압수하기 때문이겠죠. 당신은 약속을 꼭 지키는 사람이라는 걸 아니까요….

어떻게 해야 당신을 다시 만날 수 있을까요? 제발 대답해 줘요… 사랑해요! 모렌으로부터.

Epilogue